dtv

Bjørn Vassnes

Im Reich des Frosts

Die faszinierende Welt von Gletschern,
Schnee und ewigem Eis

Aus dem Norwegischen von
Günther Frauenlob und Frank Zuber

dtv

Ausführliche Informationen über
unsere Autoren und Bücher
www.dtv.de

Dieses Buch ist auch als eBook erhältlich.

Die Übersetzung dieses Buches wurde gefördert von

NORLA
NORWEGIAN LITERATURE ABROAD

MIX
Papier aus verantwortungsvollen Quellen
FSC
www.fsc.org
FSC® C083411

dtv Verlagsgesellschaft mbH & Co. KG, München

Titel der norwegischen Originalausgabe:
Frostens rike. Kryosfæren og livet
Deutschsprachige Ausgabe:

Satz: Fotosatz Amann, Memmingen
Gesetzt aus der Palatino LT Pro 10,5/14˙
Druck und Bindung: CPI books GmbH, Leck
Gedruckt auf säurefreiem, chlorfrei gebleichtem Papier
Printed in Germany · ISBN 978-3-423-28203-1

Inhalt

Der Tanz der weißen Kappen 7

Das Abschmelzen 9

Zwischen Feuer und Eis 15

Der erste Schnee 24
Faktenbox: Der Treibhauseffekt 26
Faktenbox: Albedo. Der Effekt der Weiße 31

Im Reich der Schneekönigin 33

Unter dem Schnee ist Leben 43

Mehr als hundert Wörter für Schnee 48

Die Spur des Eises 54
Was verursacht die Eiszeiten? 60

Paradies 71
Die Schlange im Paradies 75

Das Rückgrat des Kontinents 83

Alpen: Wenn Schnee und Eis gefährlich werden 91

Die Flussgöttin und ihre Schwestern 99
Der Mittelpunkt der Welt 104

Nach Niflheim 110

Der weiße Kontinent 117
Faktenbox: Die Kryosphäre heute 125

Labor Erde 128

Kinder des Eises 138

Jenseits von Eden 146

Als das Eis zurückkam 154
Zeitlinie: Erdgeschichte 162

Unsicheres Eis 165

Das Dach der Welt schmilzt 178

Unsichtbare Gletscher und Umweltaktivisten 186

Gefrorener Boden 192

Klimabomben in der Tundra 196

Klimahilfe aus dem Tierreich 200
Der Eiszeitpark 203

Letzter Tanz? 210

Anmerkungen 213

Der Tanz der weißen Kappen

Das Foto *Blue Marble* (›Blaue Murmel‹) von 1972, aufgenommen aus der Apollo 17 auf ihrem Flug zum Mond, hat es zu großer Berühmtheit gebracht. Diese Aufnahme hat unsere Vorstellung von der Erde als unsere Heimat wesentlich geprägt – unsere *einzige* und zerbrechliche Heimat, die es zu bewahren gilt. Für die Umweltbewegung ist sie geradezu eine Ikone geworden. Sie hat darüber hinaus auch den Begriff »Blauer Planet« geprägt, da die Erde aus dem All betrachtet blau erscheint.

Doch es gibt etwas, das dieses Foto nicht verrät: die zyklischen Veränderungen der Erdoberfläche. Um sie zu sehen, hätte man die Erde aus dem Weltraum filmen müssen, und das über Jahrmillionen hinweg. Im Zeitraffer hätte man dann sehen können, wie sich die Erdkugel stetig verändert hat. Die polaren Eiskappen haben sich im Rhythmus der Jahreszeiten immer wieder ausgebreitet und zurückgezogen, denn in den Wintermonaten war ein Großteil der Landmasse auf der nördlichen Halbkugel mit Schnee bedeckt, der im Sommer wieder schmolz. Entsprechend hat es auf den Meeren ausgesehen, sowohl im Süden als auch im Norden: große, weiße, schneebedeckte Eisflächen, die sich ausbreiteten, zurückzogen, wieder ausbreiteten und wieder zurückzogen. Ein alljährlicher, zyklischer Tanz. Auch weitere Bewegungen hätte es im Zeitraffer zu beobachten gegeben, Bewegungen, die einem langsameren Rhythmus folgten: In gewissen Perioden hat es weniger Weiß gegeben, in anderen etwas mehr. Verwunderliches hätte man auch erkennen können. Manchmal haben sich die Polkappen über den ganzen Globus ausgebreitet, und alles wurde weiß. Die Erde war dann ein einziger Schneeball, kein blauer oder dunkler Fleck schimmerte durch.

Doch auch das Gegenteil ist geschehen. In manchen Perioden verschwand das Weiß komplett, aber es kam immer wieder zurück. Manchmal langsam, manchmal schnell. Auch diese Bewegung scheint fast rhythmisch gewesen zu sein, in gleichmäßigen Zyklen. Aber plötzlich wurde der Rhythmus gebrochen. Die weißen Kappen schweiften aus – oder verschwanden. Je näher es auf unsere Zeit zuging, desto jäher und heftiger wurde der Rhythmus. Die Filmaufnahmen würden mit Bildern enden, die zeigen, wie das Weiß erneut schrumpft, diesmal rascher als je zuvor. Der Schwund ist so auffällig, dass er die Frage aufwirft, was in der Fortsetzung geschehen wird.

Um genauer zu verstehen, was auf der Erde vor sich geht, müssen wir uns näher an die Oberfläche unseres einmaligen Planeten heranzoomen, einem Planeten, der so anders ist als seine langweiligen Geschwister Venus und Mars. Sie mögen am Nachthimmel schön aussehen, aber im Gegensatz zur Erde, die sich ständig auf spektakuläre Weise verändert, sind sie eintönig und tot. Wie entsteht dieser Tanz der Kappen, der auch ein Tanz des Lebens ist, und welchen Effekt hat er für die Bewohner der Erde? Vielleicht bemerken sie ihn nicht einmal?

Das Abschmelzen

Now he's gone like snow on the water, goodbye

Robin Williamson, ›Big Ted‹

Wie würde es sich anfühlen, in einer riesigen, vereisten Wodkaflasche zu sitzen, während die Welt um einen herum schmilzt? Vielleicht wäre es nicht so schlimm, wenn Kate Moss bereits für eine Wodkareklame darin gestanden hätte. Oder wenn diese Wodkaflasche im nordschwedischen Eishotel Jukkasjärvi stünde. Man säße da im Mai, wenn die Saison vorüber ist und das Hotel langsam zurück in den Torneälv rinnt, um im nächsten Winter wieder neu aufgebaut zu werden. Die Bar wäre noch intakt, mit ihren Barhockern, spektakulären Dekorationen und Trinkgläsern, die alle von professionellen Künstlern aus Eis geschaffen worden sind (»Nur kalte Drinks!«, sagt der Barkeeper). Der Rohstoff des Hotels und seiner Gegenstände wird im Winter in Blöcken aus dem zugefrorenen Fluss gesägt.

In den Neunzigerjahren habe ich mir das Hotel anschauen dürfen, obwohl es schon wegen der Schmelze geschlossen war. In den vier Monaten, in denen es jährlich steht, kommen rund 50 000 Touristen, viele sind aus Japan oder China. Der Bau beginnt im November, ab Weihnachten oder Neujahr können die Gäste einchecken, und im Mai schmilzt das Hotel wieder weg. Inzwischen gibt es in Finnland und Norwegen auch solche Hotels, sie sind jedoch oft nur aus Schnee gebaut und heißen deshalb »Schneehotels«. Doch sogar dieses Baumaterial zu beschaffen ist heutzutage nicht mehr einfach. Als der neueste Zuwachs der Branche im Winter 2016/17 auf der norwegischen Insel Kvaløya in der Nähe der Stadt Tromsø – also nördlich des Polarkreises – eröffnen sollte, musste das Event um ein Jahr verschoben werden, weil es nicht kalt genug war. Der Winter ist nicht mehr zuverlässig, man weiß nicht mehr, wann er kommt und wann er geht. Ein Problem, von dem auch das Eishotel Jukkasjärvi betroffen war, das aber nun gelöst werden soll. Das Hotel soll nämlich das ganze Jahr über stehen bleiben – mithilfe von Solarenergie soll es kalt gehalten werden! Schließlich steht es im Land der Mitternachtssonne, wo die Sonne im Sommer nicht untergeht. Mitternachtssonne und Eishotel zur gleichen Zeit, das sollte den meisten Touristen gefallen.

Die *Kryosphäre*[1], die Welt des Frosts, ist zu einem exotischen Reiseziel geworden und teilt in einem gewissen Sinn das Schicksal einer vom Aussterben bedrohten Tierart. Je seltener, desto interessanter. Heutzutage strömen immer mehr Touristen in die Arktis, um Schnee und Eis zu erleben, solange es diese Phänomene noch gibt. Sie bezahlen viel Geld für Dinge, die wir als Kinder gratis tun konnten, etwa Schneeballschlachten oder in einer Schneehöhle übernachten. Die meisten Besucher verbringen nur eine Nacht im Schnee- oder Eishotel, sie reisen um die halbe Erde, um einmal im Eisbett zu schlafen, natürlich im Schlafsack und auf Rentierfellen. Besonders Betuchte schauen sich das Eis- und Schneespektakel von den Kreuzfahrtschiffen aus an. Immer häufiger fahren die Luxusdampfer Spitzbergen, Grönland, Patagonien und die Antarktis an. Zu den Specials einer solchen Reise gehört es, bei einem der Stopps über Eisberge zu spazieren, Pinguine hautnah zu erleben und mehrere tausend Jahre altes Eis in seinen Drinks zu genießen.

Doch für die meisten von uns, die nicht einfach 5000 Euro und mehr für eine Kreuzfahrt in die Diskobucht oder die Antarktis hinblättern können, wird die Zeit knapp, um Eis und Schnee selbst zu erleben. Zum norwegischen Nationalfeiertag am 17. Mai geht der ultimative Festzug mit Flaggen und Blasmusik von Finse bis auf den Hardangerjøkul, Norwegens höchstgelegenen Gletscher. Doch etwa Mitte des 21. Jahrhunderts wird es diesen Gletscher aller Voraussicht nach nicht mehr geben. Sollte die Erderwärmung nicht plötzlich anhalten, werden auch viele Alpengletscher verschwinden. Der Skilanglauf, der norwegische Nationalsport, ist ernsthaft in Gefahr. Große Rennen wie das am Holmenkollen in Oslo können nur noch stattfinden, weil Schneekanonen für ausreichend Untergrund sorgen, und Langläufer müssen sich in immer höhere Regionen begeben, um echten Schnee unter den Skiern zu spüren. (Rollski sind kein vollwertiger Ersatz, denn sie fahren auf Asphalt.) Was geschieht dabei mit einem Volk, bei dessen Identitätsbildung der Frost eine wesentliche Rolle gespielt hat und dessen Flagge laut der »inoffiziellen Nationalhymne« das Weiß des Schnees und das Blau der Gletscher symbolisiert?

Nichts, werden manche sagen, die Sportart ist sowieso auf dem absteigenden Ast. Viele Rennen finden inzwischen auf Kunstschnee statt. Sogar die Langlauf-Legende Thomas Alsgaard rechnet damit, dass der Skilanglauf bald aufgrund von Schneemangel aussterben wird.[2] Wenn der Schnee und die Gletscher aus Norwegen verschwinden, würden wir dies wohl überleben. Selbst die Tourismusbranche könnte es verschmerzen, schließlich haben wir noch die Mitternachtssonne und das Nordlicht, die als Attraktionen das

Jahr unter sich aufteilen. Wozu also klagen? Viele fänden es sicher traurig, die Skier nicht mehr zu benutzen, während andere sich freuen würden, nie wieder Schnee räumen zu müssen. Wieder andere sehen die Schmelze als Anzeichen der globalen Erwärmung, gar der Apokalypse. Dabei denken sie auch daran, dass der Meeresspiegel steigen und den Inselbewohnern im fernen Pazifik Probleme bereiten wird.

Für die meisten jedoch sind dies Bagatellen in einer Welt, die sich ohnehin rasch und unaufhaltsam ändert. Terrorismus, Flüchtlingsströme und die Automatisierung der Arbeitswelt sind wichtigere Sorgen für sie. Was hat es schon zu bedeuten, wenn etwas weniger Schnee liegt und es ein bisschen weniger Eis gibt? Sogar in Grönland, wo das zugefrorene Meer Jahrtausende lang ein lebenswichtiger Jagdgrund war, akzeptieren viele den Klimawandel, weil er andere Möglichkeiten eröffnet, etwa die Ausbeutung reicher Mineralvorkommen. Und in Finnmark, wo ich aufgewachsen bin, werden die wenigsten der Winterschließung von Straßen nachtrauern, die oft bis in den Mai dauerte. Auch nicht dem Schneeschaufeln. Soll der Schnee doch schmelzen!

Ich selbst dachte in den kältesten und längsten Wintern so. Ich bin in der Arktis aufgewachsen, in einer Zeit, als es dort noch richtige Winter gab, oft für acht bis neun Monate im Jahr. Den größten Teil meiner Kindheit verbrachte ich in Norwegens kältestem Landstrich, der Finnmarksvidda, dem größten norwegischen Hochplateau. Und als ich in den Siebzigerjahren in Tromsø wohnte, gab es dort ein paar heftige Schneewinter, in denen wir Tunnels von Haus zu Haus graben mussten. Dies war einer der Gründe, warum ich von dort wegzog, ins wesentlich schneeärmere, aber auch wesentlich feuchtere Westnorwegen. Und weil man auch von dort nicht weit hinauffahren musste, um eine gescheite Skitour zu machen, vermisste ich die weiße Pracht nicht.

Erst als ich in weit südlichere Breitengrade kam, an Orte, wo niemals Schnee fällt und die Temperatur nicht einmal annähernd die Frostgrenze erreicht, lernte ich den gefrorenen Teil der Erde, mit Schnee, Eis oder Permafrostböden, schätzen. Erst in der dicht bevölkerten, sonnenverbrannten Gangesebene in Nordindien und im Gangesdelta in Bangladesch, wo ich bei 40 Grad schwitzte, begriff ich, wie wichtig die Kryosphäre ist. Denn Schnee und Eis aus dem weit entfernten Himalaya, den man von der Gangesebene längst nicht mehr sieht, tragen dazu bei, dass die Menschen die wärmste und trockenste Zeit des Jahres überstehen. In den Monaten vor dem Monsun, wenn der Wasserstand in den Flüssen immer weiter sinkt, werden diese größtenteils durch Schmelzwasser vom Dach der Welt gespeist. Schnee und Gletscher sorgen dafür, dass die Flüsse nicht austrocknen.

Damals, in den Neunzigerjahren, war dies erst wenigen Menschen bewusst. Ich bereiste den Ganges und seine Nebenflüsse für eine Fernsehreportage über die Flüsse und ihre Bedeutung für die Menschen. Zunächst schenkte ich den Gletschern wenig Beachtung, aber die großen Gletscherflüsse aus dem Himalaya, aus Tibet und den umliegenden Gebirgen wie dem Karakorum und dem Pamir halten mehrere hundert Millionen Menschen am Leben, sogar weit über eine Milliarde, wenn man die großen chinesischen Flüsse mitrechnet, die in Tibet entspringen. Später fand ich heraus, dass dies kein Einzelfall ist. An vielen Orten der Welt sind Schnee und Eis lebenswichtig für Menschen, Tiere und Pflanzen. Dies gilt nicht zuletzt auch für alle Länder, die an die südamerikanischen Anden grenzen, wo viele Großstädte vom Schmelzwasser abhängig sind. Sogar das fruchtbare Kalifornien lebt von der Gnade der Kryosphäre, wie sich in den letzten Jahren gezeigt hat, wenn der »Schnee von gestern« nur noch als Regen fiel und nicht mehr als natürlicher Wasserspeicher fungierte. Das Reich des Frosts ist existenziell für die Weltbevölkerung, ganz besonders an Orten, wo die Menschen noch nie Schnee oder Eis gesehen haben.

Doch die Kryosphäre ist mehr als nur ein Wasserspeicher. Als ich mich intensiver mit dem Thema befasste, wurde mir klar, dass ihre Bedeutung weit in die Erdgeschichte zurückreicht. Der Frost war sogar entscheidend für die Entwicklung des Lebens auf der Erde. Die Klimaveränderungen, der Tanz der Polkappen, haben die Landschaft, das Leben, die Evolution und die Geschichte der Menschheit bestimmt. Wichtige Neuerungen wie der aufrechte Gang oder die ersten Kornfelder wurden von den Schwingungen der Kryosphäre bedingt. Auch in Anbetracht der Erdgeschichte kleine Details hängen mit der Welt des Frosts zusammen – so etwa der heutige Verlauf der Grenze zwischen Norwegen und Schweden, die Erfindung der Dampfmaschine und der heutige Autoverkehr und auch die Eigenschaften des Schachgenies Magnus Carlsen und des Speerwerfers Andreas Thorkildsen. Dabei geht es, wie wir in den folgenden Kapiteln sehen werden, um den entscheidenden Einfluss der Kryosphäre auf das Klima, den wir erst heute genauer erforschen.

Zwischen Feuer und Eis

Mein Leben ist siedendes Feuer im Eis,
Gletscherbläue und Lohe weiß.
Beide streiten um Herrschaft immer.
Das eine ist irre, das andere schlimmer.
Eis ist das Leben, ein kaltes Versteck.
Vom Feuer bleiben Ruß und Dreck.

Olav. H. Hauge[3]

Der Winterhimmel gehörte zu den schönsten Erlebnissen auf der Finnmarksvidda. Es gab weder hohe Berge noch hohe Häuser, die Sterne und das Nordlicht hatten freien Spielraum an einem Horizont, der sich über 360 Grad erstreckte. Und das Beste war, dass keine Straßenbeleuchtung der Lightshow des Himmels die Schau stahl. Außerdem war der Himmel an Winterabenden meist klar. Heute ist das Nordlicht ein Touristenmagnet. Die Menschen kommen aus aller Welt nach Nordnorwegen, weil man es dort erleben kann und dank des Golfstroms dabei nicht erfriert. Für mich jedoch war der klare Sternenhimmel ein gleichwertiges Erlebnis. Wenn ich den Kopf in den Nacken legte, fragte ich mich unweigerlich: Gibt es da draußen noch andere Seelen? Vielleicht jemanden, der genau im selben Moment in die Sterne guckt und sich dasselbe fragt? Solche Gedanken beschäftigten mich damals so sehr, dass ich beschloss, später Astronomie und Physik zu studieren.

Mit den Jahren jedoch nahm die Faszination ab. Die Astronomie schien mir zu lebensfern, und ich entwickelte andere Interessen. Als ich mich erneut der Wissenschaft zuwendete, geschah dies nicht als Forscher, sondern als Journalist. Am liebsten befasste ich mich mit den Rätseln des Lebens, nicht zuletzt mit der großen Frage: Wie entstand das Leben und wie kam es, dass die Lebensformen auf der Erde immer komplexer wurden, sodass am Ende Geschöpfe entstanden, die über ihre eigene Existenz nachdenken können? Darwin wurde mir wichtiger als Einstein, und die Evolution des menschlichen Gehirns schien mir interessanter als schwarze Löcher. Das galt auch für meine Arbeit als Wissenschaftsjournalist, denn das menschliche Gehirn war und ist noch immer wie ein neu entdeckter, unerforschter Planet.

Als die NASA schließlich meldete, dass Weltraumforscher Planeten entdeckt hätten, die der Erde ähnlich seien, war ich skeptisch. Natürlich beflügelte dies die Fantasie vieler Menschen. Was, wenn es da draußen wirklich jemanden gab, mit dem wir kommunizieren könnten? Nach allem, was ich über die Entwicklung des Lebens gelesen hatte, waren wir das Resultat einer Verkettung fast unmöglicher, auf jeden Fall aber unwahrscheinlicher Ereignisse. Leben entsteht nicht einfach von selbst, schon gar keine komplexen Lebensformen. Diesen Punkt behandeln die Evolutionsbiologen Eörs Szathmáry und John Maynard Smith in ›The Origins of Life‹.[4] Sie beschreiben acht Stadien, die das Leben durchlaufen muss, damit Geschöpfe wie wir entstehen, lebendige Wesen, mit denen man kommunizieren kann. Um dieses Ziel zu erreichen, muss das Leben alle acht Etappen mitgemacht haben, es gibt keine Abkürzung. Die erste war die Entstehung selbstreplizierender Moleküle, das heißt Moleküle, die Kopien ihrer selbst schufen. Dieser Schritt ist noch immer ein Rätsel für Biochemiker, aber man nimmt an, dass die RNA (Ribonukleinsäure), ein etwas einfacher zusammengesetzter Verwandter der DNA, dies zuerst tat. Wie es vor sich ging, weiß man nicht genau, aber Selbstreplikation braucht eine Kombination aus zwei Mechanismen: zum einen die Methode der Replikation (das Kopieren), zum anderen eine Energiezufuhr. Das erste Leben muss in der Nähe einer Energiequelle entstanden sein. Dabei sollte nicht außer Acht gelassen werden, dass dies lange vor der »Erfindung« der Photosynthese geschah, der gewöhnlichen Energiequelle lebender Organismen, bei der Sonnenenergie in biologische Energie umgesetzt wird. Einige Wissenschaftler, unter anderem der Biochemiker Nick Lane, haben deshalb die These aufgestellt, dass die ersten lebendigen Organismen an unterseeischen warmen Quellen oder Vulkanen entstanden seien.[5]

Ich kann hier weder auf alle acht Stadien nach Szathmáry und Smith noch auf Lanes Theorien im Einzelnen eingehen. Als Fazit lässt sich sagen, dass es zumindest prinzipiell möglich ist zu erklären, wie sich das Leben auf der Erde vor ca. 3,5 bis vier Milliarden Jahren von einfachen, einzelligen Organismen zu komplexeren Geschöpfen entwickelt hat. Das heißt aber nicht, dass sämtliche Schritte ausreichend erforscht wären.

Was ich hier (in einer kurzen und vereinfachten Version) darlegen will, ist die Verbindung zwischen den verschiedenen Etappen des Lebens und der Geschichte der Kryosphäre.

Dieser Zusammenhang scheint von Anfang an da gewesen zu sein. Es begann vor vielen Milliarden Jahren mit einem Eisklumpen, der durch den Weltraum geflogen kam und mit der brandheißen Erde kollidierte. Dieser Eisklumpen war ein Komet, dem ein ganzer Schwarm weiterer Kometen und andere Himmelskörper folgten, in der äußerst unruhigen Frühphase unseres Sonnensystems. Diese Himmelskörper brachten vieles mit sich, unter anderem die Bausteine des Lebens, vielleicht sogar das Leben selbst. Aber vor allem den eigentlichen Bestandteil der Kryosphäre: Wasser.

Denn in diesem Buch geht es um Wasser. Wasser in seinen vielen gefrorenen Formen: als glasklares, durchsichtiges Eis auf Seen, als Schneematsch auf der Straße, als Eisrosen am Fenster, als Schneeflocken, die langsam fallen, als zusammengepresste Kristalle unter vielen Kilometern Gletschereis, als unterkühlter Regen, der Straßen zu Rutschbahnen macht, als Reif im Spätherbst, als schwerer Altschnee im Frühjahr, der Mensch und Tier das Durchkommen unmöglich macht, als Eisberg, der in der Nacht ein Schiff rammt und Hunderte von Passagieren in den Tod reißt. Und als Schnee und Gletschereis, die das Wasser bis in den Sommer speichern und zur rechten Zeit schmelzen, damit Menschen und Tiere ihren Durst stillen können. Genau dies macht unseren Planeten so einzigartig: dass es Wasser in allen möglichen Formen und vor allem in seinen sonderbaren gefrorenen Varianten gibt.

Wasser ist ein ungewöhnlicher Stoff, der noch ungewöhnlicher wird, wenn er gefriert. Dies ist keine Magie, sondern beruht auf den physischen Eigenschaften des Wassers, die wiederum von der besonderen Form der Wassermoleküle herrühren. Diese Form bewirkt eine besonders stabile Verbindung zwischen den Wassermolekülen, was dem Stoff – insbesondere in gefrorenem Zustand – einmalige Eigenschaften verleiht. Die Moleküle bestehen aus je zwei Wasserstoff- und einem Sauerstoffatom. Beide Wasserstoffatome binden sich an dieselbe Seite des Sauerstoffatoms, was die Moleküle »schief« macht und ihnen eine starke Polarität verleiht. Die positive Ladung befindet sich auf der Seite der Wasserstoffatome, die negative auf der Seite des Sauerstoffatoms. Diese Dipolarität erzeugt ein kräftiges Band zwischen den einzelnen Molekülen. Im flüssigen und gasförmigen Zustand bestehen diese Verbindungen aber immer nur für Bruchteile von Sekunden, wonach sich die einzelnen Moleküle wieder aus dem Verbund lösen und sich für einen ebenso kurzen Zeitraum erneut verketten. Erst in fester (d. h. gefrorener) Form bilden sich symmetrische, sechseckige Kristalle.

Diese Kristalle fügen sich auf eine Weise zusammen, die dem Wasser mehrere außergewöhnliche Eigenschaften verleiht, unter anderem, dass es in fester Form leichter als in flüssiger ist. Deshalb schwimmt Eis auf Wasser. Nur wenige Stoffe besitzen diese Eigenschaft, wie etwa Diamanten, die eigentlich Kohlenstoff sind. Unter passenden Temperaturverhältnissen – vielleicht auf einem anderen Planeten – könnte man »Eisberge« aus Diamant auf einem See aus flüssigem Diamant sehen.

Dies wird jedoch nie auf der Erde der Fall sein. Auf unserem Heimatplaneten ist Wasser der einzige Stoff, der in allen drei Aggregatzuständen – fest, flüssig und gasförmig – vorkommt, und dies bei Temperaturen, unter denen wir leben können. Die drei Aggregatzustände können sogar unter einer Temperatur nebeneinander bestehen, und zwar bei um die null Grad. Eis und Schnee können nämlich direkt verdampfen, ohne den »Umweg« über flüssiges Wasser zu nehmen. Dies geschieht, weil die Verbindung zwischen den Wassermolekülen so stabil ist, dass sie schwer voneinander zu trennen sind, daher die ungewöhnlich hohen Schmelz- und Siedepunkte von Wasser. Thermodynamisch gesprochen sagt man, dass Wasser sehr resistent gegen Phasenumwandlungen ist. Es braucht viel Energie, um Eis zu schmelzen und Wasser zu verdampfen. Die spezielle Struktur des Wassers in gefrorenem Zustand, insbesondere als Schnee, gibt ihm noch weitere ungewöhnliche Eigenschaften, zum Beispiel wird es weiß und leicht. Außerdem ist Schnee eines der besten Materialien, um Wärme zu halten, weshalb wir in einer Schneehöhle schlafen können, ohne zu erfrieren.

Doch in der Frühgeschichte der Erde gab es nicht viel Eis und Schnee. In der turbulenten Entstehungszeit unseres Sonnensystems vor 4,6 Milliarden Jahren war unser Planet eine Feuerkugel, auf der Temperaturen von 8000 Grad Celsius vorherrschten – das war heißer, als die Sonne heute ist. Sie wurde von einem konstanten Regen aus Kometen, Meteoriten und anderen Himmelskörpern bombardiert. Eine Hölle auf Erden, buchstäblich. Nach und nach beruhigte sich die Lage. Eine halbe Milliarde Jahre später hatte die Anziehungskraft der Sonne und der Planeten die wilden Himmelskörper unseres Sonnensystems gezähmt. Sie waren entweder gelandet oder in feste Umlaufbahnen gelenkt, wie der heutige Asteroidengürtel zwischen Mars und Jupiter. Die Erde kühlte langsam ab, und bald konnte sie von einer Gabe profitieren, die das Bombardement gebracht hatte. Die vielen Steine und Kometen hatten nämlich das Wasser mitgebracht, jenen Stoff mit den einmaligen Eigenschaften, von dem unsere Existenz abhängt. Und nicht nur das. Forscher haben herausgefunden, dass die Kometen möglicherweise alles mitgebracht hatten, was zur Entstehung von Leben notwendig ist, vielleicht sogar das Leben selbst. Alles eingekapselt in Eis.

Was braucht man, damit Leben entstehen kann? Vor allem komplexe organische Moleküle, wie Aminosäuren (Bausteine für Proteine), Nukleinbasen (Bausteine der Erbmasse) und Kohlenwasserstoffe. Diese komplexen Moleküle sind die Voraussetzung zur Entstehung von Leben. Die Forschung glaubt jedoch nicht, dass sie auf der Erde existierten, als sich die ersten lebenden Organismen entwickelten. Wie soll das Leben dann entstanden sein? Eine mögliche Erklärung, die in letzter Zeit durch Observationen und Versuche bekräftigt wurde, besagt, dass diese Moleküle buchstäblich vom Himmel, das heißt aus dem Weltraum, fielen. Wahrscheinlich reisten sie in großen Eisklumpen zur Erde – als Kometen. Wenn diese Theorie stimmt, haben wir alle unseren Ursprung im Eis.

Die Idee, dass das Leben aus dem Weltraum auf die Erde kam, ist nicht neu. Sie ist so verbreitet, dass sie einen eigenen Namen hat: *Panspermie*. Viele beliebte Bücher und Filme drehen sich um das Thema, aber auch bekannte Wissenschaftler wie Francis Crick und Enrico Fermi haben darüber Artikel geschrieben.[6] Die Hypothese der Panspermie (»All-Saat«) hat viele Varianten. Eine besagt, jemand habe bewusst eine solche Saat zur Erde gebracht, eine andere, dass lebende Organismen die Reise durchs Weltall zufällig überlebten. Tatsächlich gibt es eine Tierart, die solche Verhältnisse überleben kann, die sogenannten Bärtierchen. In Versuchen wurden sie in den Weltraum geschickt, wo sie in eine Art Winterstarre fielen, aus der sie wieder aufwachten.[7]

Etwas nüchterner klingt die Version, die die neuere Forschung unterstützt, nämlich dass keine lebenden Organismen, sondern lediglich die Bausteine des Lebens mit Kometen auf die Erde gelangten. Genau solche Bausteine hat die Raumsonde Rosetta kürzlich auf dem Kometen 67P/Tschurjumow-Gerassimenko (kurz »Tschuri« genannt) gefunden. Es handelt sich um die Aminosäure Glycin und das Mineral Phosphor, eine weitere notwendige Zutat für lebende

Organismen. Darüber hinaus müssen die Kometen und andere Himmelskörper Wasser – in Form von Eis – auf die Erde gebracht haben, ohne das keine uns bekannte Lebensform existieren könnte.

Kathrin Altweg von der Universität Bern, Astrophysikerin der Weltraummission Rosetta, hat aufgezeigt, dass Kometen alles beinhalten können, was es braucht, damit Leben entsteht – außer Energie. Auf einem Kometen ist es zu kalt. Das Glycin ist kaum auf dem Kometen selbst entstanden, sondern wahrscheinlich in Staubwolken, die vor der Entstehung unseres Sonnensystems existierten und durch die der Komet geflogen ist. Wie Laborversuche gezeigt haben, sind Staubpartikel ein geeigneter Ort zur Entstehung organischer Moleküle. Auf der Erde war es damals zu heiß für die Entstehung von Aminosäuren. Im Gegensatz zu den kalten Kometen war unser Planet aber in der Lage, die notwendige Energie zur Entstehung von Leben aus diesen organischen Molekülen beizusteuern. Sie brauchten Wärme, um miteinander zu reagieren. Aus diesem Grund könnte das Aufeinandertreffen gefrorener organischer Moleküle und der Erdwärme der »Kickstart« für das Leben gewesen sein.[8]

Solche »Start-up-Päckchen« oder vielleicht sogar einzellige Organismen können schon sehr früh auf die Erde gelangt sein. Ebenso brachte der heftige Kometenbeschuss Wasser auf den jungen Planeten. Wir wissen, dass Himmelskörper wie der Zwergplanet Ceres große Mengen Eis mit sich tragen. Nur wenige Zusammenstöße mit solchen Himmelskörpern waren ausreichend, um die Erde mit allem Wasser zu versorgen, das es heute gibt.

Aber es dauerte lange, bis sich die Startpäckchen öffneten. Mehrere Milliarden Jahre vergingen, bis die Verhältnisse zur Entwicklung von Leben gegeben waren. Die Erdoberfläche musste abkühlen, der Wasserdampf musste kondensieren und als Regen wieder herabfallen, damit flüssiges Wasser und schließlich auch Meere entstanden. Denn das Leben begann im Meer.

Die Bausteine des Lebens waren zusammen mit Eis auf die Erde gekommen. Beim Zusammenstoß mit der heißen Erde schmolz das Eis, und es musste erst wiederauferstehen – als Kryosphäre –, ehe die Entwicklung des Lebens beginnen konnte. Das Leben und die Kryosphäre sind von Anfang an einander gefolgt und haben einander beeinflusst, über Milliarden Jahre hinweg. In der ersten Zeit war es ein langsamer Tanz. Es dauerte sehr lange, bis das Reich des Frosts seine ersten Schneeflocken auf die Erde niederschickte.

Der erste Schnee

Herbstsonnenschein. Des Winters Näh'
Verrät ein Flockenpaar;
Es gleicht das erste Flöckchen Schnee
Dem ersten weißen Haar.

Noch wird – wie wohl von lieber Hand
Der erste Schnee dem Haupt –
So auch der erste Schnee dem Land
Vom Sonnenstrahl geraubt.

Doch habet acht! mit einem Mal
Ist Haupt und Erde weiß,
Und Liebeshand und Sonnenstrahl
Sich nicht zu helfen weiß.

Theodor Fontane

Wann fiel der erste Schnee? Nein, nicht der Schnee, der im November fällt und gleich wieder wegtaut. Ich meine den *aller*ersten Schnee, die erste Schneeflocke, die auf die kahle Erde aufkam und bei der die Erde damals sicher nicht damit rechnete, dass dieses seltsame Phänomen sich von nun an Winter für Winter wiederholen würde. Die erste Schneeflocke sollte Gesellschaft von anderen bekommen, und schließlich von so vielen, dass einige davon sogar über den Sommer liegen blieben und die Kryosphäre ihren Anfang nahm. Es entstanden für immer gefrorene Areale auf der Erde.

Aber wie kann man herausfinden, wann der erste Schnee fiel? Der exakte Zeitpunkt ist tatsächlich nicht festzustellen, schließlich gab es keine Zeugen. Sollte der Schnee fossile Spuren hinterlassen haben, was anzuzweifeln ist, wüssten wir überdies nicht, wo wir suchen sollten, denn die Kontinente haben sich im Laufe der Erdgeschichte verschoben. Was wir aber sicher sagen können, ist, wann der Schnee zum ersten Mal so lange liegen blieb, dass er zu *Eis* wurde, zu einem Gletscher, der identifizierbare Spuren auf der Erdoberfläche hinterlassen hat. Diese Spuren sehen wir, und mithilfe wissenschaftlicher Methoden können wir sie auch datieren. Möglich ist dies, weil das Gestein gewisse radioaktive Isotope von Mineralien enthält, deren Alter und Entstehungszeitpunkt man über die Strahlungsintensität ermitteln kann. Die Halbwertszeit der jeweiligen Isotope, also die Zeit, in der die Strahlung sich halbiert, ist bekannt. Das ist im Grunde ganz einfach. Man erkennt ja auch, dass ein Glas Bier schon lange gestanden hat, wenn fast keine Blasen mehr aufsteigen. Bei magnetischen Gesteinen können die Wissenschaftler überdies aus der Richtung des Magnetismus ablesen, wie sich die Gesteine bewegt haben. Das Magnetfeld der Erde führt in bestimmten Gesteinen zur Ausbildung von Mustern.

In der frühesten Erdgeschichte fiel kein Schnee, das ist sicher. Wie schon gesagt, war die Erde damals wärmer, als es die Sonne jetzt ist. Doch mit der Zeit beruhigte sich das Sonnensystem, die Erde wurde nicht mehr von diversen Himmelskörpern bombardiert, und der Wasserdampf, der sich in der Atmosphäre gesammelt hatte, begann abzukühlen und als Regen auf die Erde zu fallen. Regen wirkt abkühlend, das spüren wir, wenn es an einem heißen

Sommertag zu regnen beginnt. Mit der Zeit wurde die Erde dadurch immer kühler. Immer mehr Dampf verwandelte sich in fließendes Wasser, es bildeten sich Pfützen, Seen und schließlich ganze Meere. Indem der Wasserdampf in der Atmosphäre abnahm, nahm auch der *Treibhauseffekt* ab, von dem wir heute wissen, dass er die Erde aufheizt.

DER TREIBHAUSEFFEKT

Der Treibhauseffekt ist heute in aller Munde. Der Name des Phänomens leitet sich von den Bedingungen in einem Treibhaus ab, wo die Sonnenwärme in einem höheren Grad durch die durchsichtigen Scheiben dringt, als sie wieder entweichen kann. Das liegt daran, dass die Strahlung, die am Boden reflektiert wird, eine andere Wellenlänge hat als die von außen durch das Glas eindringende Strahlung. Denselben Effekt finden wir in der Erdatmosphäre. Dort ist es die unterschiedliche Konzentration bestimmter Gase, die die Intensität des Treibhauseffekts bestimmt. Durch den Treibhauseffekt steigen die Temperaturen auf der Erde, ohne ihn wäre es etwa 35 Grad kälter. Die Konsequenzen eines hohen Treibhauseffekts sehen wir beim Planeten Venus, dessen Atmosphäre zu 96,5 Prozent aus CO_2 besteht, weshalb die Temperatur dort 467 Grad Celsius beträgt.

Das wichtigste Treibhausgas auf der Erde ist eigentlich Wasserdampf, stärkeren Effekt haben aber Kohlendioxid (CO_2) und Methan (CH_4). Analysen winziger Luftblasen, die in Eis und Gestein eingeschlossen sind, zeigen, dass die Konzentration dieser Gase im Laufe der Erdgeschichte stark variierte. Heute gehen wir davon aus, dass die Verbrennung von Kohlenstoff die Hauptursache für den Treibhauseffekt ist, aber das ist nur ein Teil der Wahrheit, und das war in den ersten Jahrmilliarden nach der Entstehung der Erde sicher nicht der Fall. In der Frühgeschichte der Erde kamen diese Gase aus dem Erdinneren, durch Vulkane und ähnliche »Ventile«. Die vulkanische Aktivität war zu Beginn der Erdgeschichte sehr hoch, was auch eine hohe Konzentration der Treibhausgase bedingte. Vermutlich hat es in den ersten 1,7 Milliarden Jahren aus diesem Grund auch keine Eiszeiten gegeben, und das, obwohl die Sonneneinstrahlung damals noch schwächer war und die Erde deshalb eigentlich hätte kälter sein müssen. Der Treibhauseffekt ist also nichts Neues, er war sogar schon einmal deutlich stärker als heute. Während die CO_2-Konzentration gerade die 400-ppm-Marke (parts per million) passiert hat, lag diese in der vorindustriellen Zeit noch bei 280 ppm. In den frühen Zeiten der Erdgeschichte betrug diese Konzentration aber auch schon einmal an die 7000 ppm. Der Grund, weshalb wir uns heute Sorgen machen, ist der außergewöhnlich schnelle Anstieg der Konzentration und dass diese sich bereits spürbar auf das Klima auszuwirken scheint.

Gute Beispiele für die Bedeutung des Treibhauseffekts bieten unsere Nachbarplaneten Venus und Mars. Auf der Venus ist der Treibhauseffekt vollkommen aus dem Ruder gelaufen, mit der Folge, dass sich die Oberfläche des Planeten so sehr aufgeheizt hat, dass jedes Leben ausgeschlossen ist. Der Mars zeigt das andere Extrem: Dieser Planet hat beinahe keine Atmosphäre – vielleicht bedingt durch die geringe Schwerkraft und das schwache Magnetfeld –, weshalb es dort auch keinen Treibhauseffekt gibt. Dort beträgt die Mitteltemperatur minus 50 Grad Celsius, was auch nicht gerade günstig für das Leben ist.

Aber zurück zur Erde, die von derlei Extremen nicht betroffen ist. Der Abstand zur Sonne ist für die Ausbildung von Leben gerade richtig, und die bestehende Atmosphäre bietet einen gerade passenden Treibhauseffekt. Nach der Entstehung der Erde brauchte es mehr als eine Milliarde Jahre, ehe es so kalt geworden war, dass die Wassermoleküle statt zu kondensieren als Regen auf die Erde fielen und schließlich sogar eines der Wunderwerke der Natur bildeten – Schneekristalle. Einzigartige Strukturen aus bis zu 100 Trillionen Wassermolekülen. Ein Grund dafür, dass dies trotz der verminderten Sonneneinstrahlung so lange gedauert hat, ist die Effektivität des Wasserdampfs als Treibhausgas. Solange viel Dampf in der Atmosphäre war, blieb die Erde feucht und warm. Mit dem Abkühlen des Wasserdampfes kondensierte das Wasser und fiel als Regen auf die Erde. Und schließlich sank die Temperatur so stark, dass das Wasser gefrieren und nach gut einer Milliarde Jahren der erste Schnee fallen konnte.

Schnee entsteht in hohen Luftschichten, ausschlaggebend sind meistens zwei charakteristische Situationen: Entweder strömt feuchte Luft von den Meeren auf ein Gebirge zu, wie etwa an der Sierra Nevada in Kalifornien, oder warme Luftmassen treffen auf kalte. In beiden Fällen wird die warme, feuchte Luft in die Höhe gedrückt, wo sie abkühlt, und wenn sich dort Staubpartikel als Kristallisationskeime finden, können sich aus dem Wasserdampf Schneekristalle bilden. Dies geschieht nicht automatisch bei null Grad, Schnee kann auch bei Temperaturen über Null entstehen. Und umgekehrt, wie viele Autofahrer aus leidvoller Erfahrung wissen. Regen kann unterkühlt sein und eine Temperatur von weniger als null Grad aufweisen, sodass er schlagartig gefriert, wenn er auf den Boden trifft. Wir sprechen in diesem Fall von Blitzeis.

Aus zahlreichen Illustrationen wissen wir, dass Schneeflocken die unterschiedlichsten Formen annehmen können.

Entscheidend sind Temperatur, Feuchtigkeit, Wind und nicht zuletzt der Zufall. Die Kristalle können wie Sterne aussehen, wie Vielecke, Scheiben, Säulen oder Platten; sie können locker oder kompakt sein. Unter trockenen Bedingungen bilden sich häufig Hexagone als Sechsecke. Die Reflexionen dieser Kristalle bilden mitunter Ringe um Sonne oder Mond.

Wie andere Kristalle haben auch Schneekristalle die Tendenz zu wachsen, und wenn sie schwer genug sind, beginnen sie zu fallen. Häufig schmelzen sie, bevor sie den Boden erreichen oder sobald sie ihn berühren. Ist es aber kalt genug, bleiben sie liegen. Fällt dann mehr Schnee, bildet sich eine Schneedecke. Wie lange der Schnee liegen bleibt, ist von der Temperatur und der Schneehöhe abhängig. Häufig fällt und taut der Schnee mehrfach, bis sich die erste Schneedecke ausbilden kann. Manchmal gelingt es nicht einmal der Sommersonne, allen Schnee wegzutauen, sodass dieser bis zum nächsten Jahr liegen bleibt. Dabei nimmt seine Dichte deutlich zu. So werden Gletscher geboren.

Schneekristalle haben viele Verwandte. Regentropfen, die auf dem Weg zur Erde teilweise gefrieren, sind schwer und matschig und tauen gleich wieder weg. Dann gibt es die Hagelkörner. Sie waren nie Schneeflocken, sondern von Beginn an formlose Eispartikel, die in Cumulonimbuswolken an Kristallisationskernen entstehen. Oder Graupel oder Griesel, wobei es sich um Schneeflocken handelt, die teilweise geschmolzen und abgerundet sind. Und dann gibt es noch die Eiskristalle, die sich bilden, wenn sich unterkühltes Wasser auf Bäume, Gras, Stromkabel oder andere Strukturen legt – hierbei sprechen wir von Reif. Wasser kann eine Unzahl von Formen annehmen, wenn es gefriert. Diese Formen sind nicht nur schön, sondern auch nützlich: Ich habe bereits die isolierende Wirkung von Schnee erwähnt. Schnee und Eis haben darüber hinaus noch weitere wichtige Funktionen: Bleibt der Schnee liegen, wird das Wasser gebunden. Es kann nicht gleich abfließen, sondern wird gespeichert, mittelfristig oder sogar langfristig. Als Schnee, Frost oder Gletschereis. Manchmal beträgt die Speicherzeit nur wenige Tage, Wochen oder den ganzen Winter. Andere Male dauert es aber auch Tausende von Jahren, bis ein wärmeres Klima das Wasser wieder befreit. Diese über unterschiedliche Zeiträume reichenden Schwingungen in der gefrorenen Welt schaffen eine Dynamik, die nicht nur die Landschaft, sondern auch das Leben geprägt hat.

Betrachtet man die großen Zeiträume, die großen Schwingungen in der Kryosphäre, ist besonders eine Eigenschaft des Schnees von Bedeutung: die weiße Farbe. Diese hat nämlich die besondere Fähigkeit, Sonnenlicht zu reflektieren, bei Neuschnee bis zu 90 Prozent. Gehen wir davon aus, dass der Schnee im Winter gut die Hälfte der Nordhalbkugel bedeckt und es überdies große Flächen gibt, die von Meereis und Gletschern bedeckt sind, versteht es sich von selbst, dass die Effekte auf das Klima groß sein können: Der Albedo-Effekt (siehe Faktenbox) ist mitverantwortlich für sich selbst verstärkende Klimaeffekte in beide Richtungen: Nimmt die Albedo ab, weil Meereis und Schneedecke verschwinden, steigt die Temperatur, weil Land und Meer mehr Sonnenwärme aufnehmen, was das Abschmelzen weiter fördert und damit zur weiteren Steigerung der Temperatur beiträgt. Und umgekehrt: Kommt mehr Schnee, steigt die Albedo, das Sonnenlicht wird stärker reflektiert, und es wird noch kälter. Dieser Schneeballeffekt hat in der Erdgeschichte mehrmals die Entstehung von Eiszeiten ausgelöst.

ALBEDO: DER EFFEKT DER WEISSE

Ein Grund dafür, dass die Kryosphäre so wichtig für unser Klima ist, ist deren Weiße, lateinisch *albedo*. Dieses Wort wird herangezogen, um zu definieren, wie stark die Sonneneinstrahlung von einer gegebenen Fläche reflektiert wird. Die Reflexion hängt von der Wellenlänge der Strahlung ab, dem Winkel, in dem sie auf die Erdoberfläche auftrifft, und der Beschaffenheit der Erdoberfläche. Wie viel Sonnenenergie von der Erdoberfläche reflektiert wird, hat große Bedeutung für die Temperatur.

Wenn Schnee auf die Erde fällt, steigt der Albedo-Effekt. Trockener Neuschnee kann 80 bis 90 Prozent der Sonneneinstrahlung reflektieren. Wir sagen, dass Neuschnee eine Albedo von 0,8 bis 0,9 hat. 1 würde 100 Prozent Reflexion bedeuten. Hat der Schnee eine Weile gelegen und ist verschmutzt, sinkt der Effekt, ist aber noch immer von Bedeutung.

Meereis hat eine Albedo von 0,5 bis 0,7, während das offene Meer je nach Einfallswinkel nur eine geringe Albedo von 0,06 bis 0,22 hat. Dies bedeutet, dass mit dem Gefrieren des Meeres die Albedo drastisch ansteigt und noch weiter steigt, wenn Schnee auf das Meereis fällt. Während das offene Meer fast die gesamte Sonnenenergie aufnimmt und sich aufwärmt, reflektiert mit Schnee bedecktes Packeis fast die gesamte Energie. Weniger Eisflächen und mehr offenes Meer führen dazu, dass immer mehr Sonnenenergie absorbiert wird, noch mehr Eis schmilzt und noch mehr Energie absorbiert wird. Auch die Vegetation bedingt die Albedo. Nadelwald hat eine sehr geringe Albedo von nur 0,08 bis 0,15. Bei Laubwald betragen die Werte 0,15 bis 0,18, während grünes Gras eine Albedo von 0,25 hat. Generell kann man sagen, dass der Albedo-Effekt geringer wird, je mehr Waldflächen eine

Landschaft aufweist. Grünland und offene Flächen heben die Albedo hingegen an.
Wie wichtig ist der Albedo-Effekt? Heute beträgt die Mitteltemperatur der Erde circa 15 Grad Celsius. Nimmt man an, dass die Erde vollkommen mit Wasser bedeckt wäre – mit entsprechend geringer Albedo –, läge diese Mitteltemperatur knapp unter 27 Grad. Also zwölf Grad höher als heute, wodurch große Teile der Erde unbewohnbar wären. Wäre der Globus vollkommen weiß – mit einer Albedo nahe 1 –, würde die Mitteltemperatur auf etwa minus 40 Grad fallen.

Schnee und Eis beeinflussen das Klima auch auf andere Weise, dies aber eher lokal: Wenn Wasser im Herbst gefriert, werden dabei große Mengen an Energie freigesetzt, die einen Wärmeeffekt auf die Umgebung haben. Es fühlt sich wärmer an, als es eigentlich sein »dürfte«. Im Frühling, wenn das Eis schmilzt, geschieht das Gegenteil. Der Schmelzvorgang braucht viel Energie, was dazu führt, dass die Luft kälter wird, als sie es sonst wäre. Im Herbst und im Frühling ist der Schnee deshalb so etwas wie ein Thermostat, mit der Wirkung, dass die Temperaturänderungen etwas langsamer vonstattengehen. Und der Schnee hat noch weitere ungewöhnliche Eigenschaften, was mit der speziellen Struktur der Eiskristalle zu tun hat. Eine davon ist, dass der Schnee, der ja selbst kalt ist, tatsächlich eines der besten Isolationsmaterialien ist, die es gibt. Deshalb können Rentiere unter dem Schnee ungefrorene Rentierflechten finden, und deshalb sind schneefreie Winter für Rentierzüchter katastrophal.

Im Reich der Schneekönigin

Leise rieselt der Schnee,
Still und starr liegt der See …

Eduard Ebel

Ja, der Schnee ist still. Nicht nur wenn er fällt, sondern auch wenn er liegen bleibt und die Landschaft bedeckt, so weit das Auge reicht. So war es noch in den Sechzigerjahren, als ich auf der Finnmarksvidda aufwuchs. Die Stille an einem solchen Wintertag war mehr als die Abwesenheit von Lauten. Sie hatte ihren eigenen Klang, nach endlosem Raum und endloser Zeit, als hätte der Schnee schon immer dort ruhig gelegen. Was natürlich nicht der Fall war, denn er hat auch seine lauten Seiten:

Im Morgengrauen auf Beskades
braute ein Wetter auf.
Ein lotrecht peitschender Schneesturz
heult' um den Gipfelknauf.
Stemmten uns gegen das Stürmen,
gezwungen, uns auszuruhn.
Die Rentiere waren müde
von der plagsamen Tour.[9]

Es ist noch nicht lange her, dass man mit Rentieren die Gebirgskette Bæskades überqueren musste, um im Winter von Alta nach Kautokeino zu gelangen. Wie Nordahl Grieg in dem Gedicht ›Morgen über der Finnmarksvidda‹ schildert, konnte dies rasch zur Herausforderung werden. Im Gegensatz zu den zwei Stunden, die man heute bei guten Verhältnissen auf der E45 dazu braucht, konnte es auch mal ein bis zwei Tage dauern.

Auch ich war in meiner Kindheit dort unterwegs, allerdings nicht mit Rentieren, sondern mit einem merkwürdigen Vehikel, das man »Schneemobil« nannte. Es war ein Kettenfahrzeug, in das circa zehn Passagiere passten. Auf zwei Bänken saßen wir uns gegenüber und sahen durch die kleinen, runden Fenster, wie die weiße Landschaft an uns vorbeirauschte. Natürlich ging es schneller als mit Rentieren, dennoch legten wir mehrere Kaffeepausen in Berghütten ein und waren den größten Teil des Tages unterwegs. Wofür ich eine solche Reise unternahm, die immer noch zwei Tage dauerte? Um ein paar Stunden zitternd an der Eislaufbahn in Alta zu stehen und zuzuschauen, wie Sportler ihre Kreise zogen.

Ich war damals zehn Jahre alt und lebte in Kautokeino, einer insbesondere im Winter sehr abgeschiedenen Kommune Norwegens. Und der kältesten – wobei wir um diesen Rekord mit Karasjok konkurrierten. Im Winter sanken die Temperaturen öfter auf fast minus 50 Grad. Wir Kinder freuten uns, denn ab minus 40 Grad bekamen wir kältefrei. Meine Familie war in den Fünfzigerjahren nach Kautokeino gezogen, als die E45 noch nicht existierte und die Gemeinde im Frühling oft wochenlang von der Außenwelt abgeschnitten war. Während der Schneeschmelze kamen weder Autos noch Schneemobile durch. Der Schnee war dann weich und unbefahrbar, die Flüsse schwollen an und konnten nicht mehr überquert werden. Sogar die Rentiere mussten passen. Heute würde in diesem Fall sofort eine Luftbrücke per Helikopter eingerichtet werden, die Medien würden berichten, und im Parlament würde ein Ausschuss tagen, um die Schuldigen zu finden. Damals war es einfach so. Die Jahreszeiten bestimmten den Lebensrhythmus: Im Herbst kam der Schnee, die Seen und Flüsse froren zu, und im Frühling taute alles wieder auf. Man blieb einfach, wo man war, und hatte genügend Vorräte.

Ich kannte es nicht anders und war es gewohnt. Als Kind blieben mir die unangenehmsten Tätigkeiten bei extremer Kälte erspart, zum Beispiel musste ich kein Loch in das Eis des Sees hacken und Wasser holen, wenn die Leitungen eingefroren waren. Einmal war mein Vater dabei ausgerutscht und in dem Loch gelandet. Es dauerte eine Weile, bis er sich wieder aufs Eis gestemmt hatte, nass bis auf die Knochen, bei minus 30 Grad. Dass er weder erfror noch krank wurde, sagt einiges über seine Generation aus. Dasselbe gilt für die junge Frau, die sich an einem kalten Wintertag zu Fuß ins Krankenhaus von Kautokeino aufmachte, um dort zu entbinden. Sie kam nicht rechtzeitig an, musste das Baby alleine im Schnee gebären und es in die Klinik tragen. Weder Mutter noch Kind trugen Schäden davon.

Im Grunde war es nicht schlimm, bei minus 50 Grad draußen zu sein, solange man sich gut einmummelte, der Wind nicht blies und man nicht zu schnell lief. Mein kältestes Erlebnis war tatsächlich der Ausflug zur Eislaufbahn in Alta. Eisschnellläufer und Langläufer waren die großen Helden der Sechzigerjahre, und Norwegen war *die* Wintersportnation. »Es liegt ein Land am ewigen Schnee«, sangen wir, wenn wir am 17. Mai, dem Nationalfeiertag, Fähnchen schwingend durch die Straßen zogen und die Schneeschauer ignorierten.

Der größte Held von allen war jedoch Fridtjof Nansen, der Grönland auf Skiern überquert hatte, ohne vorher zu wissen, ob dies überhaupt möglich war. Außerdem hatte er mehrmals im nördlichen Eismeer überwintert und sich auf gut Glück mit dem Packeis treiben lassen. Wenn ich auf Skiern über die unendliche Finnmarksvidda lief – was ich oft tat, weil wir in manchen Jahren nur drei Tage Schule pro Woche hatten –, stellte ich mir vor, ich wäre Nansen auf dem Weg über das Grönlandeis. Zwar hatte ich kein Gepäck im Schlepptau und wusste, dass zu Hause ein heißer Kakao wartete, aber das spielte keine Rolle. Am Horizont warteten die Westküste Grönlands, Ruhm und Ehre.

Die Skitouren waren ein beinahe ekstatisches Erlebnis: ringsherum endloses Weiß, nur ein paar Zwergbirken ragten wie Kommas aus dem Schnee, und Schneehasen oder Schneehühner hatten mit ihren Spuren Punkte gesetzt. Eine Aussicht, die der dänische Astrophysiker Sophus Tromholt, der 1883 in Kautokeino das Nordlicht studierte, wie folgt beschrieb:

»Die spärlichen Birken, die ihr bescheidenes Scherflein zum Schmuck der kargen, unfruchtbaren Hügel beigetragen hatten, wenn auch nur mit einer Andeutung der schönen Farbe der Hoffnung, sind nun eingehüllt in die weiße Einheitstracht der Natur, gewoben aus den feinen Kristallen von Reif und Schnee. Alles ruht nach dem intensiven Leben des kurzen Sommertages. Selbst der Wind wagt es nicht, die leichte Daunendecke anzuheben, unter der der Winter das Bett der Natur bereitet hat; sogar die Luft scheint zu schlafen. Du lauschst und spähst vergebens, dein Atemzug ist der einzige Laut, der ans Ohr dringt, und die einförmigen Konturen der eingeschneiten Hügel der einzige Anblick, auf den dein Auge trifft …«[10]

Das war in der Zeit, bevor die Motorschlitten die Ruhe

auf der Vidda zerstörten. Im Umkreis von etlichen Kilometern hörte man jeden Laut – das heißt, es herrschte vollkommene Stille. Nur das Geräusch der Skier und Stöcke auf dem Schnee war zu vernehmen. Die Sonnenstrahlen kamen aus allen Richtungen, reflektiert von den Schneekristallen. Von Sonnencreme hatte ich noch nichts gehört, die Dermatose im Gesicht musste ich hinnehmen. Kein anderes Naturerlebnis in meinem Leben kommt gegen die Finnmarksvidda im Winter an. Auch wenn ich nie Grönland oder die Antarktis auf Skiern überquert habe, bleibt mein Verhältnis zum Reich des Frosts ein gutes. Im globalen Zusammenhang gehöre ich damit wohl einer Minderheit an, gemeinsam mit einigen Landsleuten, die bereit sind, 70 000 Kronen für eine Zelttour in Grönland auszugeben.

Für mich war es deshalb seltsam, Märchen und Erzählungen zu lesen, die das Reich des Frosts als gefährlich und schrecklich, ja sogar als Wiege des Bösen schildern, wie sie bei Hans Christian Andersen und C. S. Lewis vorkommen. Bei Andersen entführt die böse Schneekönigin Kinder in ihr Frostreich im Norden, wo sie mit Rentierschlitten umherreist, genau wie meine Nachbarn, die samischen Rentierzüchter. In dem Märchen kidnappt die böse Königin den Jungen Kai und nimmt ihn mit in ihren eisigen Palast. Kais Freundin Gerda reist ihnen hinterher, um ihn zu befreien. In C. S. Lewis' ›Die Chroniken von Narnia‹ verwandelt die weiße Hexe das Königreich Narnia in ein Frostreich, in dem »ewiger Winter ohne Weihnachten« herrscht, damit nichts das kalte Dasein erwärmt.

Die Liste ähnlicher Motive und Gestalten ist lang, Kinder lernen sie durch Disney-Filme wie ›Die Eiskönigin‹ (2013) kennen. Offensichtlich sind all diese Geschichten in Ländern entstanden, wo die Menschen selten oder nie die positiven Seiten des Winters erleben.

Auch für Krimi- und Thrillerautoren von Agatha Christie bis Jo Nesbø bieten Eis und Schnee eine beliebte Kulisse für Unheil und Verbrechen. Dabei ist der Schnee oft auf der Seite des Mörders, weil er die Spuren verdeckt. Vor allem aber sind Eis und Kälte leicht verständliche Metaphern für kaltblütige Taten.

In Russland hingegen hat man ein anderes Verhältnis zu Eis und Schnee. Dort gab (und gibt) es Winter wie in der Finnmark, die das Land mindestens zweimal in der neueren Geschichte vor Invasoren retteten: einmal vor Napoleon und einmal vor Hitler. Beide Eroberer mussten zusehen, wie Tausende ihrer Soldaten in den russischen Steppen erfroren. Kein Wunder, dass in Russland Väterchen Frost den Kindern Geschenke bringt, gemeinsam mit seiner hübschen Enkelin Snegurotschka, der Schneeprinzessin.

Andersens Schneekönigin hat womöglich ein Vorbild in der nordischen Mythologie, nämlich Skadi, die Göttin der Jagd und des Winters. Sie stammte aus dem Geschlecht der Riesen, heiratete aber den Meeresgott Njörd. Ihre Heimat waren die kalten Berge, wo sie sich am wohlsten fühlte – die Skalden nannten sie auch »Skigöttin«. Njörd hingegen fühlte sich dort gar nicht wohl, weshalb die Ehe in die Brüche ging. Das Paarverhältnis spiegelt einen nordischen Schöpfungsmythos, nach dem die Welt durch das Aufeinandertreffen von Kälte (die Eiswelt Niflheim) und Wärme (Muspellsheim, ein Meer aus Flammen) entstanden ist. Zwischen ihnen lag ein riesiger, bodenloser Abgrund, Ginnungagap. Dort schmolz das Feuer Muspellheims die Eisströme Niflheims, woraus das Leben entstand. Nach dem Weltuntergang geht der Zyklus dort wieder von vorne los. Das Reich des Frosts, Niflheim, und seine Kinder, die Riesen, blieben die Verkörperung des Bösen, obwohl der Mythos besagt, dass die Welt ohne sie nicht entstanden wäre.

Die Assoziation des Bösen mit dem Reich der Schneekönigin geht wahrscheinlich auf nordeuropäische Mythen aus der Völkerwanderungszeit zurück. Die altnordischen Götterlieder sowie Snorri Sturlusons ›Edda‹ schildern viele Kämpfe zwischen Göttern (Asen) und Riesen (Jöten), auch wenn sich beide Geschlechter des Öfteren paaren. Etliche Jöten sind Personifikationen von Eis, Schnee und Frost, wie schon die Namen ausdrücken: Snjó/Snær (»Schnee«) der Alte, Sohn von Jokul (»Gletscher«) und Vater von Þorri (»Reif«), Fǫnn (»Schneewehe«) und Mjǫll (»Schneeflocke«) sowie Großvater von Drífa (»Schneetreiben«). Vielleicht sind all diese Kinder ursprünglich als Aspekte des Schnees zu betrachten, die im Mythos ihr Eigenleben bekamen. Leider sind ihre Geschichten nur bruchstückhaft überliefert. Eine Vorzeitsaga macht Snjó zum König von »Finnland«, was früher eine vage Sammelbezeichnung für das nördliche Skandinavien war – eine Gegend, von der man wenig wusste, außer dass es kalt war und dort viel Schnee lag. Und dass fremde Völker dort lebten – Finnen, Samen, Kvenen, wie immer sie hießen.

Aufgrund der zerstreuten Quellenlage greife ich für eine zusammenhängende Darstellung des Schöpfungsmythos auf die Nacherzählung des Schriftstellers Tor Åge Bringsværd zurück:

Am Anfang war die Kälte und das Feuer. Auf der einen Seite war da Niflheim; dort herrschten Nebel und Frost. Auf der andern Seite war Muspilheim; und dort gab es nichts als ein Meer von zischenden Flammen. Was den Nebel vom Feuer trennte, war ein riesiger, bodenloser Schlund; und aus dieser gewaltigen Leere, dem Abgrund zwischen Licht und Dunkelheit, ist alles, was lebt, hervorgegangen. (…) Tief im Schlund kämpften Hitze und Kälte miteinander, und das Eis fing an zu schmelzen. Was die Kälte geformt hatte, die Wärme erweckte es zum Leben. So entstand das erste Wesen. Es war von menschenähnlicher Gestalt, aber kein Mensch hatte solche Ausmaße. Denn Ymer, so hieß es, war ein Riese, und ein größerer Riese hat nie gelebt.[11]

Aus dem schmelzenden Eis erwuchs ein weiteres Wesen, die Urkuh Audhumbla. Von ihr bekam Ymer Milch, und als die Kuh an einem salzigen, reifbedeckten Stein leckte, geschah ein weiteres Schöpfungswunder:

Noch am selben Abend nämlich wuchs aus dem Stein ein Haar hervor. Am andern Tag kam ein Gesicht und dann ein ganzer Kopf zum Vorschein, und am dritten Tag der ganze Leib eines großen, schönen Mannes. So kam Bühre auf die Welt, der Stammvater aller Götter, die wir die Asen nennen.

Ymer pflanzte sich selbst fort, indem er schwitzte, von ihm stammt das Geschlecht der Hrimthursen (Reif- oder Frostriesen) ab, ebenfalls Jöten. Ihr Verhältnis zu den Asen ist wie Feuer und Eis, es schwankt zwischen Vermählung und Krieg. Als die Riesen überhandnehmen, beschließen die ersten Asen, Ymer zu töten:

Den toten Ymer schleppen sie bis an den Rand des großen Weltschlundes – eine schwere Arbeit, nach der sie sich erst einmal drei Tage ausruhen müssen. Dann legen sie ihn über den Abgrund, der unter dem riesigen Leichnam verschwindet. Sie überlegen lange, was man mit dem Toten anfangen kann. Vielleicht kann man eine ganze Welt aus ihm erschaffen? Er hat so viel Blut verloren, dass es für ein ganzes Meer reicht. Und aus seinem Fleisch kann man das feste Land machen; aus seinen Knochen Berge und Klippen; aus seinen Knöcheln und Zähnen Gestein und Geröll; aus dem Haar Bäume und Gras. Am Ende bleibt nur noch der Schädel. Die Hirnschale des Riesen setzen die Götter wie eine Kuppel über alles, was sie erschaffen haben, und so ist das Himmelsgewölbe entstanden. Das Gehirn aber werfen sie hoch in die Luft, wo es zerflattert, und so sind die Wolken zustande gekommen, die über den Himmel ziehen. (…) Nun war es den Asen aber am Him-

mel noch zu dunkel. Im warmen Muspilheim, ganz im Süden, wo das Feuer zu Hause war, holten sie sich Funken und hefteten sie an den Himmel. Dort hängen sie heute noch auf der Innenseite des alten Riesenschädels. So sind die Sterne entstanden.

So wurden die Welt und ihre Geschöpfe aus dem Konflikt zwischen Wärme und Kälte geboren. Am Ort seiner Niederschrift, Island, erscheint ein solcher Mythos beinahe naturgegeben, und tatsächlich liegt er erstaunlich nahe an den Erklärungen der modernen Wissenschaft: Eisklumpen mit organischen Molekülen treffen auf die glühend heiße Erde, woraus das Leben entsteht.

Die Realität auf der Finnmarksvidda sieht zum Glück anders aus als der ewige Winter der weißen Hexe. Der Winter geht immer zu Ende, was ebenfalls zu den Kindheitserlebnissen gehört, die mich am meisten beeindruckt haben. Es konnte bis Mai dauern, doch wenn es einmal angefangen hatte, ging es schnell. Wenn das Eis auf dem Kautokeinoelva (der weiter nördlich Altaelva heißt) aufbrach, waren mächtige Kräfte am Werk. Große Eisschollen türmten sich auf, manchmal wurden sie sogar an Land geschleudert. Von den Brücken konnte man das Spektakel sicher beobachten, denn sie waren gebaut, um der Belastung standzuhalten. Die Eisschollen machten einen Höllenlärm. Ähnlich musste es im Packeis der Arktis zugehen. Fridtjof Nansen, dessen Schiff Fram dem Eisdruck ebenfalls standhielt, beschrieb dies wie folgt:

Zuerst vernimmt man in der großen Wüste ein Geräusch wie das Donnergebrüll eines weit entfernten Erdbebens, dann hört man es, immer näher kommend, an mehreren Stellen. Die schweigende Eiswelt widerhallt vom Donner, die Riesen der Natur erwachen zur Schlacht. Das Eis beginnt ringsumher zu bersten und türmt sich auf, und ganz plötzlich befindet man sich mitten im Kampfe.

Auf allen Seiten hört man Heulen und Donnern, man fühlt das Eis erzittern und hört es unter den Füßen brüllen; nirgends ist Friede.[12]

Doch es ging rasch vorüber. Der Fluss strömte wieder frei bis Alta, die Menschen holten die Boote heraus, und an den Hängen am Ufer kam die Vegetation zum Vorschein. Es wurde rasch grün, die Mitternachtssonne sorgte für eine pausenlose Photosynthese und somit für schnelles Wachstum. Einen guten Monat später badeten wir in dem Fluss, auf dem man im Winter mit dem Auto fahren konnte. Und dann, nach dem ersten ergiebigen Sommerregen, kam die Invasion: Milliarden von Stechmücken. Im Lauf der Zeit wurden wir mehr oder weniger immun gegen die Stiche, was die Mücken nicht davon abhielt, in alle Körperöffnungen zu kriechen, sodass man kaum atmen konnte. Am schlimmsten war es in den Mooren, wo Moltebeeren wuchsen – die Obstgärten der Vidda, wo ich im Sommer ein Extra-Taschengeld verdiente. Ein Vorteil der Mücken war, dass man den Herbst und den ersten Frost gewissermaßen als Befreiung empfand.

Solch extreme Wechsel zwischen den Jahreszeiten erlebt man nur im Norden. In den warmen Regionen der Welt ändern sich nur Temperatur und Luftfeuchtigkeit, Trockenzeit wird von Regenzeit abgelöst, allenfalls die Farben der Vegetation variieren. Abgesehen vom plötzlichen Einsetzen des Monsunregens über ausgetrockneten Feldern in Indien ist der Kontrast zwischen Winter und Sommer nirgends so groß wie bei uns im Norden. Wer hier aufgewachsen ist, sehnt sich nach dem Wechsel der Jahreszeiten; wir besingen ihn in Liedern und Gedichten und fühlen gewissermaßen im Rhythmus der Natur, zumindest, solange wir noch eine Beziehung zu ihr haben.

Unter dem Schnee ist Leben

Kopf gebeugt vor dem Wehen,
hart vor dem blinden Sturz,
stand ein Rentier und schnuffte,
scharrte mit seinem Huf; –
und da, miteins, unter Schlägen
tief in Schnee und Eis,
quellt wie Licht vor das Maul ihm
blaugrünes Flechtenmoos.

Nordahl Grieg[13]

Der Schriftsteller und Journalist Nordahl Grieg war selbst nur einmal kurz auf der Finnmarksvidda, trotzdem hat er eine wichtige Erkenntnis von dort mitgenommen: nämlich wie Lebewesen, in diesem Fall Rentiere, in diesem Winterland überdauern können. Die Landschaft wirkt karg und gnadenlos, doch unter dem Schnee gibt es tatsächlich Leben, allem voran die Lieblingsspeise der Rentiere – die Rentierflechte.

Nur wegen des Rentiers wohnten Menschen hier oben in der einzigen großen Permafrostregion Norwegens. Permafrost bedeutet, dass der Boden auch im Sommer nicht ganz auftaut. Lediglich die obersten, »aktiven« Schichten sind dann frostfrei. Darunter ist das Erdreich vereist, weshalb hier nur Rentierflechte, Heidekräuter und Zwergbirken gedeihen. Ursprünglich waren die Menschen den Rentierherden gefolgt, um sie zu bejagen, als diese nach der letzten Eiszeit gen Norden gezogen waren. Schon vorher war die Rentierjagd eine Lebensgrundlage im südlichen Europa gewesen. Nachweise dafür finden sich anhand der vielen Felsbilder, besonders häufig rund um die Pyrenäen, wo Menschen und Rentiere während der Eiszeit einen Rückzugsort gefunden hatten.

Vor einigen hundert Jahren begannen die Samen – nach Ansicht vieler Wissenschaftler die ersten Menschen, die so weit nördlich lebten – die Rentiere zu zähmen, anstatt sie zu jagen. Sie folgten den Tieren bei ihren jährlichen Wanderungen von den Hochplateaus, wo sie sich im Winter von der Rentierflechte ernährten, zu den küstennahen Wiesen im Frühjahr und Sommer und im Herbst dann wieder zurück. Mit der Zeit gewöhnten die Rentiere sich an die Menschen, richtig zahm wurden sie aber nie. Die Samen entwickelten eine halbnomadische Lebensweise, sie folgten den jahreszeitlich bedingten Wanderungen der Tiere zwischen den Äsungsgebieten. Das Bewegungsmuster der einzelnen Rentierherden ist dabei so festgelegt, dass die samischen Rentierzüchter mittlerweile feste Winter- und Sommerwohnungen haben, nur im Frühjahr und Herbst sind sie für ein paar Wochen unterwegs. Besonders im Frühjahr, wenn man nie sicher weiß, wann Schnee und Eis auf Seen und Flüssen schmelzen, ist diese Wanderung eine gefährliche Herausforderung, besonders für die Rentiere. Die Routen vieler Herden führen über Meerengen, die durchschwommen werden müssen, was bei dem kalten Wasser mit großer Gefahr verbunden ist.

Heute leben nur noch wenige Samen wirklich nomadisch. Die meisten führen ein ganz normales, sesshaftes Leben und gehen alltäglichen Berufen nach. Die nomadisch lebenden Rentierzüchter gelten als »Prototypen«, die die traditionelle samische Kultur am Leben erhalten. Und dies in vielerlei Hinsicht. Wichtigster Bestandteil ist die Rentierzucht und was dazugehört: das Lavvo (Zelt, das auf den Wanderungen mitgeführt wird) sowie die Kleider und Werkzeuge, die für die Arbeit mit den Tieren optimiert sind. Häufig werden sie aus Rentierfell, -horn oder -knochen hergestellt. Zu weiteren kulturellen Traditionen gehören Rentierrennen an Ostern, Markknochenfeste und Lassowerfen. Auch als Kunstmotiv finden wir die Rentierhaltung bei bekannten samischen Künstlern wie John Savvio, Iver Jåks und Nils Aslak Valkeapää.

Für die samischen Rentierhüter und -züchter waren die Tiere schon immer von essenzieller Bedeutung. Sie gaben ihnen alles, was sie brauchten: *Skaller* – Winterschuhe aus Fell, *Komager* – leichtere, felllose Schuhe für den Sommer oder *Bieksoer* – Lederstiefel, die in den Siebzigerjahren auch von den »Hippies« getragen wurden. Wenn es draußen richtig kalt wurde, zog man den *Pesken* an, eine Art Pelzmantel. Auch Werkzeuge wie Nähnadeln oder Kämme wurden früher aus den Knochen und Geweihen der Rentiere hergestellt, und natürlich bestand auch die Nahrung zu einem großen Teil aus Rentierfleisch, häufig Trockenfleisch, das in schwarzen Kaffee getunkt wurde, damit es besser zu kauen war. Ein großes Festmahl waren gekochte Markknochen oder der Rentiereintopf *Bidos*.

Das Fleisch der Tiere war am lukrativsten. Während die Rentierhüter ihre Tiere früher noch selbst schlachteten, werden sie heute – außer für den Eigengebrauch – in Schlachtereien gebracht. Nicht zuletzt nutzten die Samen die Rentiere auch als Zugtiere und spannten sie im Winter vor ihre Schlitten. Damit waren sie unabhängig von Wegen und Brücken und konnten kreuz und quer über die Vidda fahren.

Im Sommer hatten die Rentiere weitestgehend frei, allenfalls wurden einige als Packtiere genutzt.

Der Schnee ist lebenswichtig für die Rentiere, denn unter ihm, geschützt vom Frost, finden sie im Winter ihre Hauptnahrung: die Rentierflechte. Ohne die einzigartige Isolationsfähigkeit des Schnees würde die Rentierflechte erfrieren, und die Rentiere würden verhungern. Dazu kann es in schneearmen Wintern tatsächlich kommen, denn wenn sich Eis über die Flechten legt, können die Tiere sie nicht mehr erreichen.

Gefrorene Rentierflechte war einmal sogar der Grund für den Abbruch einer Doku-Serie: Als der Norwegische Rundfunk 2017 eine Slow-TV-Reihe über die Frühlingswanderung einer Samenfamilie und ihrer Herde übertragen wollte, weigerten sich die Rentiere, ihre Winterweidegründe zu verlassen. Die Erklärung war einfach: Durch ein paar warme Tage war der Schnee geschmolzen und anschließend zu Eis gefroren, sodass die Rentiere die Flechten nicht mehr erreichen konnten. Sie blieben deshalb auf ihren Winterweidegründen, bis das Eis schmolz und die Flechten wieder abgegrast werden konnten. Als hätten sie genau gewusst, dass die lange Wanderung ohne diese letzte Nahrungsaufnahme zu strapaziös werden würde. Die weiblichen Leittiere geben der Herde an, wann die Wanderung beginnt, und in diesem Fall mussten sich auch die Fernsehredakteure nach ihnen richten.

Für die Rentiere ist der Schnee ein Gottesgeschenk, und das war er auch für die Menschen, die auf der Finnmarksvidda lebten. Der Schnee erleichtert das Vorankommen, unabhängig von den Wegen, die man zurücklegen muss, ob man nun Rentiere als Zugtiere nutzt oder auf Skiern unterwegs ist. Die Samen waren vermutlich die ersten Skiläufer Norwegens, wie Nils Gaup es in seinem Film ›Pathfinder‹

andeutet. Hier können die Samen bereits Ski fahren, während das Räubervolk der Tschuden sich noch zu Fuß durch den Schnee kämpfen muss. In Alstahaug und Alta sind mehrere tausend Jahre alte Felsbilder von Skiläufern gefunden worden. Sie dienten als Vorbild für das Skiläufer-Emblem der Winterolympiade in Lillehammer 1994.

Die skiläuferischen Fähigkeiten der Samen waren auch Fridtjof Nansen bekannt, der deshalb die Samen Ole Nilsen Ravna und Samuel Balto mit auf seine Expedition durch Grönland nahm. Auch der Finnlandschwede Adolf Erik Nordenskiöld war in Begleitung von Samen, als er 1883 das grönländische Inlandeis erforschte. Gleiches gilt für Carsten E. Borchrevink, der die Samen Per Savio und Ole Must 1900 auf seine Antarktis-Expedition mitnahm. Die beiden waren die ersten Menschen, die jemals auf dem antarktischen Kontinent übernachteten. Allerdings taten sie dies nicht aus Abenteuerlust, sondern weil das Schiff sie wegen schlechten Wetters zurücklassen musste.

Dass die Samen mit Schnee umgehen können, ob sie mit Rentierschlitten, Skiern oder – wie heute meistens – mit Schneemobilen unterwegs sind, habe ich schon als Kind erfahren. Obwohl sie für ihre Skier noch die einfache, traditionelle Bindung aus Lederriemen benutzten, während ich schon eine »moderne« Langlaufbindung hatte, kam ich nicht mit ihnen mit.

Wie eng die Verbindung der Samen zum Schnee ist, erkennt man auch an ihrem äußerst reichhaltigen Vokabular für alles, was mit Schnee zu tun hat. Sogar ihre Sprache hat sich dem Reich des Frosts angepasst.

Mehr als hundert Wörter für Schnee

Ältere Samen halten noch immer an der Gewohnheit fest, jeden Morgen zu untersuchen, welche Art von Schnee in der Nacht gefallen ist, und mit den anderen darüber zu diskutieren.

Yngve Ryd, ›Snö: Renskötaren John Rassa berättar‹ (›Der Rentierzüchter John Rassa erzählt‹)

Einigen Lesern wird der Streit der Sprachwissenschaftler über den Wortvorrat der Inuit für den Begriff »Schnee« bekannt sein. Haben sie wirklich hundert Wörter dafür? Anthropologen und Linguisten bezweifeln dies und betrachten die Behauptung als romantische Vorstellung von der Tradition eines indigenen Volkes. Ich kann dazu keinen fachlichen Beitrag leisten, meine aber, dass ein Volk, für das der Schnee alltäglich und lebenswichtig ist, auch ein differenziertes Vokabular dafür braucht. Jedoch weiß ich mit Sicherheit, dass es ein weiteres Volk gibt, das viel mehr als hundert Wörter für Schnee in seiner Sprache hat. Es ist das Volk, unter dem ich auf der Finnmarksvidda aufgewachsen bin: die Samen.

Sprachwissenschaftler wie Nils Jernsletten, Ole Henrik Magga (besser bekannt als Politiker und erster Präsident des samischen Parlaments) und Inger Marie Gaup Eina haben die samische Terminologie für Schnee gesammelt und analysiert.[14] Magga zufolge gibt es im Nordsamischen (der am meisten verbreiteten Variante des Samischen) 175 bis 180 Wortstämme für »Schnee« und »Eis«. Rechnet man Ableitungen, Beugungsformen und Varianten dieser Wortstämme hinzu, kommt man auf rund tausend Wörter für Schnee und Eis. Ein einfaches Beispiel solcher Ableitungen: Das Substantiv *njeađgga* bezeichnet verwehten Schnee, das Verb *njeađgat* bedeutet »verwehen« und das Adjektiv *njeađgi* steht für das Wetter, bei dem Schneewehen entstehen.

Dies gilt auch für andere samische Sprachen wie Lulesamisch, das im schwedischen Luletal gesprochen wird. Dort, in einem Lavvo auf dem Fjell bei Jokkmokk, wurde 1921 Johan Rassa geboren. Er war einer der Letzten, der das reichhaltige Schnee-Vokabular des Lulesamischen beherrschte. Der Autor Yngve Ryd sprach fünf Winter lang mit Rassa über Schnee und sammelte die Terminologie in einem Buch. Darin erklärt er über 300 Wörter, die mit Schnee und Eis zu tun haben und wie sie gebraucht werden. Ryd schreibt: »Eine äußerst detaillierte Kenntnis über Schnee und Eis gehörte früher zur Rentierhaltung. Wind, Wetter und Schnee waren wirklich wichtige Gesprächsthemen des Alltags.«[15]

Das umfassende Vokabular rührt keineswegs von Smalltalk her. Die Schneeverhältnisse – wie viel und von welcher Art – konnten die Umstände für Mensch und Tier drastisch ändern: »Die Abhängigkeit der Menschen von Schnee und Eis bewegt sich zwischen Extremen, was sicher zu dem reichen Wortschatz beigetragen hat. Es kann so schneien, dass man kaum vom Fleck kommt, aber Schnee kann auch so gute Bedingungen schaffen, dass man rasch viele Kilometer vorankommt.« Der vielfältige Wortvorrat kommt daher, dass man den Schnee in unterschiedlichen Situationen aus jeweils anderen Blickwinkeln betrachtet. Man sprach nicht über ihn als »objektive«, physische Größe, sondern aus der

Situation heraus, an die man sich anpassen musste. Es war Schnee, wie er in der jeweiligen Jahreszeit fiel, wie er liegen blieb und sich veränderte. Es war der Schnee, der die Menschen entweder einschränkte oder begünstigte. Es war ein durch lange Praxis entstandenes Vokabular.

Es gibt viele Gründe, warum die Schneeverhältnisse überaus wichtig für Rentiere und Rentierzüchter sind. Vor allem müssen die Rentiere fast das ganze Jahr über ihr Futter – die Rentierflechte – selbst finden, indem sie sich durch den Schnee graben, was sehr schwierig wird, wenn der Schnee zuerst taut und dann wieder gefriert. Da wird es zur lebenswichtigen Entscheidung, die Tiere dorthin zu bringen, wo dies möglich ist. Und während frischer lockerer Schnee aufgrund der Luft in und zwischen den Schneekristallen ein hervorragendes Isolationsmaterial ist, hat vereister Schnee nicht diese Eigenschaft. Darüber hinaus bestimmen Schnee und Wetter, wo Mensch und Tier sich bewegen können. Dies gilt im Übrigen auch für Raubtiere wie Wolf und Vielfraß, was ein Rentierzüchter ebenfalls bedenken muss. Rentiere und Wölfe haben unterschiedliche Präferenzen, was den Schnee angeht.

All dies ändert sich mit den Jahreszeiten, weshalb es verschiedene Wörter für Herbst-, Winter- und Frühjahrsschnee gibt. Im Grunde haben die Samen acht Jahreszeiten: Herbst, Herbstwinter, Winter, Frühlingswinter, Frühling, Frühlingssommer, Sommer und Herbstsommer. Dieser Zyklus wird hauptsächlich durch die Schneeverhältnisse bestimmt. Dann wiederum gibt es unterschiedliche Winter: Ein *gassadálvve* (Tiefschneewinter) ist der Albtraum aller Rentierzüchter, während *sekkadálvve* einen schneearmen Winter bezeichnet. *Skárkkadálvve* ist ein Winter mit vereistem Schnee, der die Rentierflechten verkrustet.[16]

Im Lauf des Jahres verändert sich der Schnee und bekommt verschiedene Bezeichnungen, je nachdem, wie er liegt. Der erste Schnee, der nicht schmilzt, sondern bis zum nächsten Frühling liegen bleibt, heißt *dálvvevuodo*. Spärlicher Schnee wird *biera* genannt, und der erste befahrbare Schnee *doavgge*. Ab circa 40 Zentimetern redet man von *dálvvemuohta*, Winterschnee. »Das bedeutet so viel wie: ›Jetzt reicht es, mehr wollen wir nicht.‹«

Auch die Landschaft bekommt je nach Schneelage andere Bezeichnungen. Ein Gebiet, in dem es viel schneit, nennt man *átsadahka* oder nur *atsát*. Das Gegenteil heißt *sekkas*. Das ist gut zu wissen, wenn man ein Lager aufschlagen oder seine Herde einhegen möchte.[17]

Die Schneeterminologie variiert außerdem je nachdem, ob sie sich auf Menschen oder Rentiere bezieht, weil beide unterschiedliche Bedürfnisse haben. Ist der Mensch der Maßstab, kann man von *gámamuohta* reden, was »Schuhschnee« bedeutet. Dann liegt wenig Schnee, der gerade bis über die Schuhe reicht. *Vuotamuohta* reicht nur bis zu den Schnürsenkeln, während man in *Vargga buolvvaj* bis zu den Knien versinkt. *Bádáradjmuohta* reicht sogar bis zum Gesäß, und richtig viel Schnee, *giedavuolmohta*, liegt bis unter die Achselhöhlen. Ein ganz spezieller Maßstab für den Menschen ist *tjibbemuohta*, Schnee bis zu den Waden, die gleiche Tiefe wie *doavgge*. Wenn er liegt, holen die Menschen die Ski aus dem Schuppen, man geht nicht mehr zu Fuß.[18]

Was die Rentiere angeht, gelten andere Prioritäten. Hier ist *tjievttjemuohta* das Maß aller Dinge: Schnee, der bis zu den hinteren Knien der Tiere reicht. Er ist etwas höher als *doavgge*, aber das Rentier erreicht noch mit den Klauen den Boden und kann sich gut fortbewegen. Es gibt sogar ein eigenes Wort – *doalli* – für Schnee, der eine alte Fährte verdeckt, die das Rentier trotzdem findet, weil es darin besseren Halt hat.

Fallender Schnee hat seine eigenen Namen. Einzelne Schneeflocken heißen *muohtajalme*, was »Schneeauge« bedeutet. Große, weiche Flocken nennt man *tsihtsebelaga*, während der trockenste, leichteste Schnee, der im Winter fallen kann, *habllek* heißt. Seine Flocken sind gleichsam schwerelos, sie wollen kaum zu Boden fallen. Menschen macht dieser Schnee nichts aus, aber Tiere können daran ersticken. Aus diesem Grund ging man bei *habllek* gerne auf Fuchsjagd. Eine dünne Schicht Neuschnee auf älterem Schnee heißt *vahsta*. *Loahtte* ist starker Schneefall, zwanzig Zentimeter oder mehr. *Larkkat* heißt, dass es heftig und trocken schneit und plötzlich aufhört. Der schlimmste Niederschlag ist Schneeregen, *slabttse*. Er bereitet Probleme, weil man ihn nicht abklopfen kann und er die Kleider durchnässt.

Wenn der Schnee einmal liegt, verändert er weiter seine Konsistenz und somit auch seinen Namen. Eine dünne Schicht eisiger Schnee am Boden heißt *skártta*.[19] *Tjallsa* ist Schnee, der festgetrampelt und zu Eis wird. In der unteren Schicht wird Schnee allmählich zu *sänásj*, grobe Eiskörner wie Salzkristalle. Oder zu *tsievve*, hartem Schnee, in dem die Rentiere nicht scharren können. *Tsievve* ist so fest, dass er fast einen Menschen ohne Ski trägt, auch die Rentiere sinken kaum ein. Im Gegensatz dazu ist *åbådahka*, kurz *åbåt*, tiefer Pulverschnee, in dem man schwer vorankommt. Früher gingen die Menschen bei *åbåt* auf Wolfsjagd, weil der Wolf darin schnell ermüdet. Bei *dáhapádahka* sind die Verhältnisse so schlecht, dass jede Fortbewegung unmöglich ist, *siebla* ist durch und durch feuchter, angetauter Schnee, ein typisches Frühlingsphänomen. Letzterer trägt nichts, die Ski sinken komplett ein. Wenn *siebla* gefriert, wird er zu *tjarvva*, festem Harsch.

Doch nicht allein das Vorwärtskommen zählt. Für den Jäger – und die Jagd ist noch immer eine Lebensgrundlage –

ist es wichtig, dass die Ski keinen Lärm machen. Was wir auf Norwegisch *silkeføre* (»seidener Schnee«) nennen, heißt auf Lulesamisch *linádahka.*

Eis ist ebenfalls mit einem reichhaltigen Vokabular bedacht. In der Welt der Samen war (und ist) es lebenswichtig, Bäche, Flüsse und zugefrorene Seen sicher überqueren zu können, weshalb es viele Wörter gibt, die aussagen, ob das Eis einen Menschen oder bestimmte Tiere tragen kann. Das erste, dünne Herbsteis heißt *gabbda,* es ist nur einen knappen Millimeter dick. *Almasjjiegna* ist »Volkseis«, das zu Fuß überquert werden kann, *hässtajiegna* trägt sogar Pferde.[20]

Wie viele andere Traditionen ist auch die samische Schneeterminologie am Verschwinden. Es gibt viel weniger Rentierzüchter als früher, und man bewegt sich heute mit Motorschlitten fort. Doch ist die »altmodische« Kenntnis deshalb überflüssig? Die vielen Unfälle mit Motorschlitten, darunter etliche Lawinenunglücke, deuten darauf hin, dass etwas mehr Schneekenntnis auch den heutigen Samen nicht schaden würde. Vielleicht hätte ein Wort für Eis, das einen schweren Motorschlitten trägt, manches Unglück verhindern können. Auch die Wachs-Experten des norwegischen Langlaufteams könnten manchmal einen Kurs in samischer Schneeterminologie gebrauchen, um Fehler zu vermeiden.

Insgesamt geht es um wesentlich mehr als nur um ein Vokabular, das verschwindet, denn mit ihm verschwindet auch eine Lebenswelt – das Reich der Schneekönigin, das dieses Vokabular angemessen beschreibt.

Die Spur des Eises

Die Entdeckung unserer gefrorenen Vergangenheit

Wo wir auch an der sibirischen Nordküste an Land gingen, überall fand ich Spuren der Eiszeit. Auf Reinøya hatte ich am 21. August Schrammungsspuren entdeckt, die nur durch Gletscher hervorgerufen sein konnten. (…) Auf der Taimyrhalbinsel lagen überall Findlinge, wie ich sie auch weiter nördlich, östlich von Kap Tscheljuskin sah.

Fridtjof Nansen, ›In Nacht und Eis‹[21]

Die 300 Wörter des Samischen für Schnee habe ich nie gelernt. Als Teenager musste ich die Finnmarksvidda verlassen, um auf die weiterführende Schule gehen zu können, und ich bin nie zurückgekehrt. Meine nächste Station war die Eismeerstadt Tromsø, wo ich mit heftigen Schneestürmen und nicht enden wollendem Schneefall einen anderen Aspekt der Kryosphäre kennenlernte. In manchen Wintern fiel so viel Schnee, dass wir es aufgaben, die Zugangswege zu den Häusern zu räumen. Es war viel leichter, Tunnel zu den Haustüren zu graben. Dieses Wetter hielt häufig bis weit in den April hinein an. Die Gegend um Tromsø ist deshalb ein traumhaftes Skigebiet, eine der wenigen Regionen, in denen man Skitouren mit Meerblick unternehmen kann. In dieser Stadt erlebt man das Reich des Frosts von seiner besten und härtesten Seite. Um sich hier wohlzufühlen, muss man den Schnee lieben, oder man zieht wieder fort.

Ich landete schließlich in Westnorwegen, wo Schnee und Eis eine Seltenheit sind. Wenn es dort einmal schneit, kommt es sofort zum Verkehrschaos. Glücklicherweise ist dies nur wenige Tage im Jahr der Fall, sodass man nicht einmal Winterreifen aufzieht, sondern das Auto an kritischen Tagen einfach stehen lässt. An der Westküste Norwegens spielen Schnee und Eis keine bedeutende Rolle. Sie sind eine Kuriosität, eine Freude für Skienthusiasten, die hier jedoch selten sind. Und natürlich für die Touristen, die zu Tausenden auf Kreuzfahrtschiffen anrücken, meist auf dem Weg in den Nordfjord, um die Gletscherzunge des Briksdalsbreen aus nächster Nähe zu sehen.

Da ich damals weder Skienthusiast noch Tourist war, waren mir Schnee und Eis egal. Ich glaubte, mit dem Reich des Frosts abgeschlossen zu haben, und ahnte nicht, dass ich noch immer darin unterwegs war. Ich erkannte nicht, dass die Landschaft um mich herum vom Eis geformt worden war. Die charakteristischen, weltberühmten Fjorde und Täler, die Findlinge, die überall herumliegen – sie alle sind das Werk des Eises. Ich war jedoch nicht der Einzige, der dafür blind war: Die Menschen lebten seit Hunderten, ja Tausenden von Jahren hier, ohne dass sie dies wussten. Für sie war die Landschaft einfach so, keiner fragte nach dem »Warum«.

Bis zur Mitte des 19. Jahrhunderts wusste man nämlich nicht, dass es Gletscher waren, die die U-förmigen Täler ausgegraben und den fruchtbaren Boden auf den Talebenen hinterlassen hatten. Dass die ganze Gegend unter großen Gletschern verborgen gewesen war. Schließlich stand davon nichts in der Bibel, die damals noch als das wichtigste »Geschichtsbuch« galt. Im frommen Westnorwegen glaubten die meisten Menschen noch, dass die Erde erst seit 6000 Jahren existierte. Der Begriff »Eiszeit« war unbekannt.

Es brauchte erst einen zugezogenen Dänen, um den Ursprung der merkwürdigen Landschaftsformen zu erklären. Die großen Felsen auf den Hochebenen und Höhenzügen konnten nicht von allein dort gelandet sein. Steine rollen nicht bergauf. Auch musste man sich fragen, wer die langgezogenen Schutt- und Steinhalden in den Tälern angelegt hatte.

Solche und ähnliche Gedanken machte sich Jens Esmark (1763–1839) auf seinen Reisen durch Norwegen. Esmark war Ende des 18. Jahrhunderts nach Norwegen gekommen, um in Kongsberg als Geologe zu arbeiten. Er sollte in der wichtigen Bergbaustadt als Lehrer an der Bergakademie unterrichten. Nachdem der Betrieb in Kongsberg 1805 in Konkurs gegangen war, zog Esmark nach Christiania (dem heutigen Oslo), wo er an der 1811 gegründeten ersten Universität des Landes zum Geologie-Professor ernannt wurde.[22]

Schon während seiner Zeit in Kongsberg war Esmark viel durch die Gebirgsregionen des Landes gereist. Vermutlich hat er auch als Erster die Berge Snøhetta und Gaustatoppen bestiegen und mithilfe eines Barometers vermessen. Überraschend gelang ihm so der Nachweis, dass nicht der Gaustatoppen in der Telemark Norwegens höchster Berg war, sondern der Snøhetta im Dovrefjell.[23]

Ziel seiner Reisen war es, geologische Karten von Norwegen zu erstellen. Eine dieser Exkursionen führte ihn zum Lysefjord in der Provinz Rogaland. Dort, am Ende des Haukelisees, findet sich ein gewaltiger Erd- und Steinwall, von dem wir heute wissen, dass es sich um die Endmoräne eines Gletschers handelt. Bevor Esmark diese Theorie im

Jahre 1823 aufstellte, hatte niemand auch nur geahnt, dass diese topografische Eigenheit auf einen Gletscher zurückzuführen war. Danach entdeckte er vergleichbare Strukturen an vielen Stellen des Landes und verfasste in der Folge einen Artikel, in dem er die Theorie lancierte, dass ganz Skandinavien in der frühen Vorzeit von Gletschern überzogen gewesen sein musste und dass diese Gletscher verantwortlich waren für die charakteristischen Landschaftsformen Norwegens.

Esmark publizierte seine Ideen 1826 auch auf Englisch, erregte damit aber keine besondere Aufmerksamkeit. Nur der bekannte Professor Robert Jameson, ein früherer Lehrer Darwins in Edinburgh, sprach in seinen Vorlesungen über Esmarks Ideen, und es ist gut möglich, dass seine Theorie auf diese Weise weitergetragen wurde. Jameson stand auch in Kontakt mit dem Schweizer Naturforscher Louis Agassiz (1807–1873). Es gibt keinen Nachweis dafür, dass Agassiz durch Jameson von Esmarks Eiszeittheorie erfahren hätte, obwohl dies höchst wahrscheinlich ist. Jameson war nämlich Agassiz' englischer Verleger.

Agassiz wurde schließlich für die Verbreitung der Eiszeittheorie berühmt, während Esmark in Vergessenheit geriet. So geschieht es oft in der Wissenschaft: Die Ehre wird nicht unbedingt dem zuteil, der die Idee hatte, sondern der Person, der es als erster gelingt, sie einem größeren Publikum zugänglich zu machen, wie Agassiz es tat. Zuerst 1837 in einer berühmten Vorlesung in Neuchâtel. Die Eiszeittheorie brachte die Wissenschaft in Aufruhr und wurde mit großer Skepsis aufgenommen. Sogar anerkannte Forscher, wie der deutsche Naturforscher Alexander von Humboldt (der Agassiz' Lehrer war), hielten die Idee für blanken Unsinn. Die Fakten, mit denen er seine Theorie untermauerte, ließen sich jedoch nicht anders erklären.[24]

Als Schweizer kannte Agassiz sich gut in den Alpen aus, und er hatte bemerkt, dass sich einige der Phänomene, die Esmark in Norwegen beschrieben hatte – zum Beispiel die »fehlplatzierten« Findlinge auf den Hochflächen oder die Moränenrücken –, auch in den Alpen fanden. Agassiz wusste, dass Gletscher solche Felsen transportieren konnten und dass sie Moränen aus Stein und Schutt bildeten. Er hatte auch Gletscherschrammen auf Felsen bemerkt, die immer in die gleiche Richtung zeigten.

Nach und nach wurde Agassiz bewusst, dass das Eis eine viel größere Fläche bedeckt haben musste, als es die kleinen Gletscher in den Bergen noch taten. Er zitierte ein Wort, das der verschrobene deutsche Botaniker Karl Friedrich Schimper 1837 in einem Gedicht verwendet hatte: Eiszeit. Agassiz sammelte weitere Indizien und publizierte schließlich 1840 die bahnbrechende Theorie, dass weite Teile Europas, ja vielleicht der ganzen Welt, einmal von Eis bedeckt waren und dass viele der heutigen Landschaftsformen dadurch zu erklären seien:

Zu Ende der geologischen Epoche, welche der Erhebung der Alpen vorausging, bedeckte sich die Erde mit einer ungeheuren Eiskruste, welche von den Polargegenden her über den größten Theil der nördlichen Halbkugel sich erstreckte. Die scandinavische und großbrittanische Halbinsel, die Nord- und Ostsee, das nördliche Deutschland, die Schweiz, das Mittelmeer bis zum Atlas, das nördliche Amerika und asiatische Rußland waren ein ungeheures Eisfeld, (…) dessen Grenzen uns noch heute überall durch die Grenzen der erratischen Blöcke bezeichnet sind.[25]

Als weiteres Indiz verwies Agassiz auf die Mammuts, die gut bewahrt im Permafrost der sibirischen Tundra gefunden worden waren. Sie waren wahrscheinlich durch das Einsetzen der Eiszeit rasch ausgestorben. Zuerst glaubte man noch, es handele sich um Elefanten, die mit der Sintflut bis nach Sibirien gespült worden waren. Erst der französische Wissenschaftler Georges Cuvier (1769–1832) konnte nachweisen, dass es sich bei den Mammuts um eine eigene Art handelte, die an das Leben in der Arktis bestens angepasst war.

Trotz heftigen Widerstands – schließlich widersprach seine Erklärung der Bibel, und das noch vor Darwins Evolutionstheorie – wurde Agassiz' Schlussfolgerung akzeptiert. Mit einem Mal erkannte man die Spuren überall: Moränen, Findlinge, Gletscherschrammen, U-förmige Täler und die U-förmigen Fjorde in Norwegen. Ähnliche Anzeichen fand man auch in anderen Gebieten der Erde, zum Beispiel in Nordamerika und Neuseeland. Alte Berichte über wachsende oder sich zurückziehende Gletscher, die man früher für Lügengeschichten gehalten hatte, fanden neue Beachtung. Agassiz selbst zog nach Amerika, wo er als Wissenschaftler große Anerkennung erfuhr und schließlich Professor in Harvard wurde. In seiner neuen Heimat entdeckte er zahlreiche Anzeichen, dass es auch in Nordamerika eine Eiszeit gegeben haben musste. In weiten Teilen der USA fand er Gletscherspuren. Der größte prähistorische Binnensee Nordamerikas, der durch das Abschmelzen der Gletscher vorübergehend entstanden war, wurde nach ihm Agassizsee getauft.

Mithilfe avancierter Methoden hat man später herausgefunden, dass es nicht nur eine, sondern mehrere Eiszeiten gegeben hat. Insbesondere in den letzten 800 Millionen Jahren ist die Erde immer wieder gefroren und aufgetaut. Wie bei einem zyklischen Tanz. Allein in den letzten 800 000 Jahren hat es mindestens neun Eiszeiten gegeben. Inzwischen ist dies alles gründlich dokumentiert worden, zuerst durch den britischen Wissenschaftler Nicholas Shackleton, der die Sedimente des Meeresbodens analysierte, und später durch den Dänen Willi Dansgaard, der Bohrkerne aus dem Grönlandeis auswertete. Beide nutzten für ihre Analysen die Erkenntnis, dass sich die Zusammensetzung der Sauerstoff-Isotope (Varianten mit unterschiedlichem Atomgewicht) abhängig von Temperatur und Meeresspiegel ändert. So war es möglich, Zeitreihen zu erstellen, aus denen ersichtlich wurde, wie sehr das Klima in den verschiedenen Eiszeitperioden variiert hat. Es stellte sich heraus, dass in der letzten Jahrmillion die Eiszeiten dominiert haben und dass es auf der Erde insgesamt viel kälter war als heute. Die Sonneneinstrahlung hatte zwar zugenommen, die Erde ist im Großen und Ganzen aber kälter geworden. Diesem Schema zufolge sollten wir uns jetzt eigentlich wieder auf dem Weg in eine neue Eiszeit befinden. Berücksichtigt man aber, wie wir heute mit unserer Atmosphäre umgehen, ist es alles andere als sicher, ob es dazu kommen wird.

Was verursacht die Eiszeiten?

Warum all diese Klimaschwankungen, diese Wechsel zwischen Warm- und Kaltzeiten? Hängen die Temperaturen auf der Erde nicht in erster Linie von der Strahlung der Sonne ab? Und hat diese in den 4,6 Milliarden Jahren, die die Erde jetzt um die Sonne kreist, nicht um 30 Prozent zugenommen? Die zunehmende Wärme der Sonne sollte eigentlich nicht zu Eiszeiten führen. Über die Ursachen der genannten Klimaschwankungen ist viel spekuliert und geforscht worden. Gerade heute ist diese Frage aufgrund der globalen Erwärmung höchst brisant. Eine Erklärung, die weitgehend akzeptiert wird, stammt von dem serbischen Ingenieur Milutin Milankovic (1879–1958), der Zusammenhänge zwischen den Temperaturschwankungen und den zyklischen Änderungen der Erdbewegung nachweisen konnte. Maßgebend sind dafür sowohl der Abstand zur Sonne als auch der Winkel der Erdachse.

Bekanntlich sind die Jahreszeiten darauf zurückzuführen, dass die Rotationsachse der Erde nicht im rechten Winkel zur Sonne steht, sondern etwas schräg, im Durchschnitt 22,1 bis 24,5 Grad, sodass der Nordpol im Winter weiter von der Sonne weg zeigt. Eine Konsequenz daraus ist, dass die Sonne nördlich des Polarkreises in der sogenannten Dunkelzeit nicht über den Horizont steigt. Im Gegenzug zeigt der Nordpol im Sommer in Richtung Sonne, was zum Phänomen der Mitternachtssonne führt. Wenn im Norden Sommer ist, herrscht im Süden Winter und umgekehrt. Am Äquator hingegen gibt es keinen Unterschied zwischen Sommer und Winter.

Der Schiefstand der Erdachse – und damit die Jahreszeitenunterschiede – variieren, betrachtet man sie über einen längeren Zeitraum. In Kombination mit der Umlaufbahn der Erde um die Sonne, die nicht kreisförmig, sondern elliptisch ist, ergibt dies eine mögliche Erklärung für die abwechselnden Warm- und Kaltzeiten, unterbrochen durch kürzere Zwischeneiszeiten. Milankovic glaubte, drei Zyklen zu erkennen, genauer gesagt drei verschiedene Änderungen der Erdrotation, die sich überlappen.

Der erste Zyklus ist darauf zurückzuführen, dass die Exzentrizität der elliptischen Erdumlaufbahn variiert: Mal ist die Ellipse eher kreisförmig, dann wieder langgestreckt. Dieser Zyklus hat eine Periodizität von 100 000 und 400 000 Jahren. Der zweite Zyklus mit einer Länge von 41 000 Jahren ist der variierende Schiefstand der Erdachse, der von 22,1 bis zu 24,5 Grad reicht. Dieser zweite Zyklus variiert wiederum in einem dritten Zyklus mit einer Periode von 19 000 bis 23 000 Jahren. Man kann sich das vorstellen wie einen Kreisel, der hin und her schwankt, wenn er langsamer rotiert. Während der Nordpol der Erde heute zum Polarstern zeigt, wird er in 11 000 Jahren in Richtung des Sterns Wega weisen.

Diese Variationen begründen kleine, aber wichtige Temperaturunterschiede im Norden und Süden der Erdkugel. Viele Wissenschaftler sind der Meinung, dass die Änderungen der Erdrotation Eiszeiten auslösen können, wenn sie entsprechend zusammenfallen. Ein Zyklus alleine wäre nicht ausreichend, um Klimaunterschiede zu bewirken, wie die Erde sie erlebt hat. Weitere Effekte sind hinzugekommen und haben die oben genannten Ursachen verstärkt. Inzwischen weiß man, dass auch Unterschiede auf der Erdoberfläche und in der Atmosphäre das Klima beeinflusst haben. Die Erde ist kein toter Steinklumpen. Sie hat einen warmen Kern, der immer wieder Stoffe auswirft, die Kontinente bewegen sich und es gibt viel Wasser auf ihrer Oberfläche. Außerdem ist die Erde von Luft und einer Atmosphäre umgeben. All das sind bewegliche Systeme, die einander und das Klima in einer Weise beeinflussen, die so komplex und voller Rückkopplungen ist, dass die Wissenschaftler sie noch immer nicht ganz enträtselt haben.

Ein Effekt, den diese Systeme verursachen, ist der viel besprochene Treibhauseffekt (siehe Faktenbox S. 26 f.). Analysen kleiner Luftblasen, die in Gestein und Eis eingeschlossen waren, zeigen, dass die Konzentration der Treibhausgase im Laufe der Erdgeschichte stark variiert hat. Heute denken wir, dass die hauptsächliche Ursache des Treibhauseffekts das CO_2 ist, das bei der Verbrennung von Kohlenstoff freigesetzt wird, aber das ist nur ein Teil der Wahrheit. Das CO_2 spielte in den ersten Millionen Jahren der Erdgeschichte jedenfalls keine Rolle. Damals kamen die

Treibhausgase in erster Linie aus dem Inneren der Erde, durch Vulkane und ähnliche »Ventile«. Die vulkanische Aktivität war zu Beginn der Erdgeschichte hoch, weshalb auch die Konzentration der Treibhausgase hoch war. Vermutlich gab es deshalb in den ersten 1,7 Milliarden Jahren keine Eiszeiten, und das, obwohl die Strahlung der Sonne damals schwächer war und die Temperaturen auf der Erde deshalb niedriger gewesen sein müssen als heute. Der Treibhauseffekt ist also nichts Neues, und es gab Zeiten, in denen er viel stärker als heute war.

Wesentliche Bedeutung hatte auch die Bewegung der Kontinente, die sogenannte Kontinentaldrift. Nachdem die Erde sich etwas abgekühlt hatte, bildeten sich auf dem glühend heißen, flüssigen Kern feste Landmassen. Da der Kern aber noch immer heiß und somit nicht fest war, haben diese Landmassen sich beständig bewegt. Sie tun das noch heute, wenn auch – zum Glück – sehr langsam. Zu einem Zeitpunkt hatte die Kontinentaldrift den Großteil der Erdmassen in Richtung Äquator verschoben. Wo die Sonneneinstrahlung am höchsten ist, fanden sich also Landmassen, die das Sonnenlicht besser reflektieren als das Meer (das die Wärme aufnimmt). In dieser Zeit gab es noch keine Vegetation, die die Reflexion hätte dämpfen können. Da die Reflexion von Solarenergie (Albedo, siehe Faktenbox S. 31 f.) zunahm, führte dies dazu, dass die Temperaturen auf der Erde weiter sanken.

Schließlich kam noch ein weiterer Faktor hinzu: das Leben. Auch wenn es sich zunächst nur um einfache Mikroorganismen handelte, kann ihr totaler biochemischer Effekt eine Stellschraube für den Treibhauseffekt gewesen sein. Inwieweit diese Organismen Kohlenstoff ausgeschieden oder aufgenommen haben, hängt von der Art der Organismen und den Bedingungen ihres Lebensraums ab.

Aber all dies brauchte Zeit. Es sollten mehr als eine Milliarde Jahre vergehen, bis zum ersten Mal Schnee vom Himmel fiel, und nicht Wasser. Allmählich blieb dieser Schnee auch liegen und wurde zu Eis. Dies geschah zum ersten Mal vor 2,9 Milliarden Jahren, was wir den Spuren entnehmen können, die das Eis in den Felsen hinterlassen hat, denn diese können mithilfe radioaktiver Isotope datiert werden. Ähnliche Spuren zeigen auch, dass es eine halbe Milliarde Jahre später, also vor etwa 2,3 Milliarden Jahren, eine Serie von Eisbildungen gegeben hat. Vieles deutet darauf hin, dass die Erde damals komplett von Eis und Schnee bedeckt war, sie war eine sogenannte Schneeball-Erde (»Snowball Earth«).[26]

Joe Kirschvink hob diesen Begriff 1992 aus der Taufe, als er seine Theorie über die Schneeball-Erde zum ersten Mal publizierte. Seine Thesen waren anfangs umstritten, viele meinten, dass die Erde, wäre sie zu einem derart frühen Zeitpunkt eingefroren, nie wieder hätte auftauen können, da durch den Albedo-Effekt beinahe die gesamte Sonnenenergie reflektiert wird. In der Folge fanden sich aber immer mehr geologische und chemische Beweise dafür, dass es diese massive Eisbildung gegeben haben muss. Auch Computermodelle bestätigen ihren möglichen Ablauf: War ein größerer Bereich erst weiß, setzte durch den Albedo-Effekt ein *positiver Rückkopplungseffekt* ein – ein sich selbst verstärkender Prozess.

Aber wie konnten all der Schnee und das Eis dann wieder abschmelzen? Tatsächlich sorgen auch dafür die Rückkopplungseffekte. Den Nachweis dafür brachten die britischen Forscher Tim Lenton und Andrew Watson.[27] Ist alles von Schnee und Eis bedeckt, können Meere und Landflächen nicht mehr als natürliche CO_2-Senken fungieren. Und da Vulkane und andere Quellen aus dem Erdinneren immer weiter CO_2 ausspuckten, führte dies nach einigen Millionen Jahren dazu, dass sich ein Treibhauseffekt einstellte, der den Planeten erwärmte, wodurch Schnee und Eis zu schmelzen begannen. Unterstützend kam hinzu, dass die Vulkane Asche und andere dunkle Partikel auf den Schnee ausspuckten. Und mit der Schmelze folgten weitere verstärkende Effekte: Das Eis auf dem Meer schmolz, und das Wasser nahm die Sonnenenergie auf, was das Abschmelzen weiter beschleunigte, wodurch wieder mehr Sonnenwärme aufgenommen werden konnte – und so weiter …

Ein zusätzlicher Faktor, der das Klima beeinflusste, war das Leben, das sich schon vor der Schneeball-Erde in den Ozeanen entwickelt hatte. Einzelne einzellige Organismen überlebten die Eiszeit – sie tauten nach Millionen von Jahren auf und lebten weiter, als wäre nichts geschehen. Einige begannen Sauerstoff zu produzieren, anfangs ein Umweltgift, das jedoch mit der Zeit die Zusammensetzung der Atmosphäre entscheidend änderte. (Eine Möglichkeit, um zu überprüfen, ob auf einem Planeten Leben existiert, ist der Nachweis von Sauerstoff oder Ozon in der Atmosphäre.) Die Zunahme des Sauerstoffs in der Atmosphäre wirkte sich wiederum auf das Klima aus, es wurde kälter. Zu erklären ist dies nur durch eine Reihe von hochkomplexen chemischen und geophysischen Prozessen – der genaue Ablauf ist aber noch nicht exakt geklärt. Alles deutet darauf hin, dass es Rückkopplungseffekte auf der Erde gab, die unseren Planeten nach den verschiedenen Schneeball-Phasen wieder auftauten, und dass die ersten Keime des Lebens diese Phasen tatsächlich überdauern konnten.

Nach zwei oder drei Eiszeiten vor circa 2,3 Milliarden Jahren ging die Erde in eine beinahe »langweilige« Phase ohne sichtbare Veränderungen über. Doch im Verborgenen geschahen wichtige Dinge: In der Atmosphäre reicherte sich immer mehr Sauerstoff an, was notwendig war für den nächsten großen Schritt in der Entwicklung des Lebens: die Entwicklung mehrzelliger Organismen. Dafür brauchte es nämlich die Energie des Sauerstoffs. Bevor es aber so weit war, kam es zu den letzten beiden Schneeball-Phasen, die bisher bekannt sind, vor 710 und 640 Millionen Jahren. Das soll nicht bedeuten, dass die Eiszeiten damit vorüber waren, im Gegenteil. Aber die folgenden Eiszeiten waren nie mehr total, sie beschränkten sich auf die Regionen um die Pole und die angrenzenden Gebiete. Zum Glück, sollte man sagen, denn die mehrzelligen Organismen, die es jetzt gab, hätten Schneeball-Phasen nicht überlebt und die Evolution hätte wieder von vorn beginnen müssen. Es ist aber möglich, dass das Leben selbst die Atmosphäre und ihren Chemismus so stark verändert hatte, dass weitere Schneeball-Phasen gar nicht mehr eintreffen konnten. Vielleicht hatte das Leben sich selbst dagegen abgesichert.

Damit war die Bühne bereitet für den Wechseltanz der weißen Polkappen: Die Eiszeiten kamen und gingen, drohten aber nie mehr, den ganzen Globus einzunehmen. Es war wie das Einstudieren einer neuen Choreographie: Anfangs macht man noch Fehler und geht vielleicht zu Boden. Doch mit der Zeit gewinnt man die Kontrolle und der Tanz wird regelmäßiger und schneller.

Natürlich gibt es weder einen Masterplan noch eine kosmische Choreographie, doch es steht fest, dass in den letzten hundert Millionen Jahren ein wilder Tanz auf unserem Planeten stattgefunden hat, mit großen Schwingungen zwischen kalten und warmen Perioden, in denen die weißen Polkappen sich ausgedehnt und wieder zusammengezogen haben.

Am meisten wissen wir über die letzte Eiszeitperiode. Sie begann vor 50 Millionen Jahren, vermutlich in Gang gesetzt durch reduzierte Kohlendioxidkonzentrationen in der Atmosphäre. Die möglichen Ursachen sind vielfältig: Vielleicht gab es eine geringere vulkanische Aktivität. Auch das Erdinnere hatte sich so weit abgekühlt, dass die Landmassen der Kontinente allmählich zur Ruhe kamen und vor einigen Millionen Jahren schließlich dort verharrten, wo sie noch heute liegen. Mit der festen Position der Kontinente fanden auch die wichtigsten Meeresströmungen und Winde ihre Bahnen. Und da Strömungen und Wind die Energie verwalten und verteilen, die die Erde über die Sonne aufnimmt, sollte dies von entscheidender Bedeutung für das Klima und die Kryosphäre sein.

Etwa vor 40 bis 50 Millionen Jahren kam es auch zur Kollision des indischen Subkontinents mit der eurasischen Platte, was das Himalaya-Gebirge und die angrenzenden Gebiete entstehen ließ – und auch den Monsun als eines der wichtigsten Wetterphänomene. Dieser wiederkehrende Wind zieht vom Indischen Ozean über das Land und bringt Niederschläge und Feuchtigkeit für Millionen von Menschen in Südasien. Auch die Verwitterung wurde so begünstigt, sodass die Gesteine der neu gebildeten Gebirge chemisch mit der Atmosphäre reagierten und große Mengen CO_2 aufnahmen. Dadurch wurde die CO_2-Konzentration der Atmosphäre – und damit der Treibhauseffekt – reduziert, was wiederum zu weiterer Abkühlung führte. Diese Abkühlung erreichte vor rund 35 Millionen Jahren einen Schwellenwert, nach dessen Überschreiten die Antarktis vereiste, was kräftige Rückkopplungseffekte auslöste (weil Schnee und Eis Sonnenlicht und damit Wärme reflektieren). Beschleunigt wurde dieser Prozess dadurch, dass die Meeresregionen rund um die Antarktis in den folgenden 25 Millionen Jahren nicht gefroren waren, weil durch die Kontinentaldrift die Passagen zwischen der Antarktis und Südamerika sowie Australien geöffnet worden waren. Der Kontinent war somit isoliert, eine kalte Meeresströmung zirkulierte um ihn und sorgte dafür, dass es noch kälter wurde. Damit war Schluss mit den Wäldern und Dinosauriern, die tatsächlich einmal in der Antarktis existiert hatten.

Man rechnet damit, dass die Ostantarktis seit rund 15 Millionen Jahren unter einer Eisdecke liegt, die Westantarktis ein paar Millionen Jahre weniger. Die Eisdecke wuchs auf mehrere Kilometer Dicke an. In der Arktis, im Norden, setzte dieser Prozess später ein. Es begann damit, dass sich vor rund zehn Millionen Jahren Gletscher auf Grönland bildeten. Aber dort wie auch in der gesamten Arktis hat das Eis im Takt mit den Eiszeitzyklen in den letzten 2,5 Millionen Jahren stark fluktuiert. Die Kaltzeiten, in denen weite Teile der nördlichen Erdteile vereist waren, wurden von kürzeren Warmzeiten unterbrochen, in denen beinahe das gesamte Eis abschmolz (mit Ausnahme der Antarktis und Grönlands).

Die letzte Eiszeit begann vor circa 116 000 Jahren mit der Ausbildung großer Gletscher in Kanada und Skandinavien. In der Folge breitete das Eis sich aus und begrub Teile von Nordamerika, Europa, Asien, Südamerika und Neuseeland unter sich. Die maximale Ausdehnung des Eises wurde vor nur 21 000 Jahren erreicht, bevor eine neue Zwischeneiszeit – in der wir noch heute leben – begann. Ganz Nordeuropa und große Teile Nordamerikas waren vereist, sodass unsere Vorväter im Süden Zuflucht gesucht haben, in Europa vor allem in den Pyrenäen. Das Eis bedeckte Skandinavien, große Teile Großbritanniens, Teile Norddeutschlands und das Baltikum. Südlich des Eises hatte sich Tundra ausgebreitet, in der ein ungastliches Klima herrschte, mit dem Tiere wie Rentiere und Mammuts aber gut zurechtkamen. Diese wurden von Jägern bejagt, die bereits effektive Techniken entwickelt hatten. Vor etwa 17 000 Jahren begann das Eis sich zurückzuziehen, und eine schnelle, aber ungleichmäßige Erwärmung setzte ein. Die Gletscher zogen sich zurück, die Waldgrenze verschob sich nach Norden, ihr folgten die Tiere. Einige Jägergruppen folgten den Rentieren nach Norden, andere stellten sich auf andere Tiere wie Hirsche und Rehe um, wieder andere begannen Pflanzen und Früchte zu sammeln.

Vor etwa 12 000 bis 13 000 Jahren kam das Eiszeitklima nach einer Phase der raschen Erwärmung plötzlich zurück, sodass die Temperaturen mancherorts im Laufe weniger Jahre um bis zu zehn Grad sanken. Doch auch dies war nur eine Phase, die knapp 1000 Jahre später von einer Phase erneuter Erwärmung abgelöst wurde. Die heutigen Temperaturrekorde sind nichts im Vergleich zu den damaligen Temperaturschwankungen.

Da wir unser Leben in einer deutlich kürzeren Zeitskala als der geologischen verbringen und unser Geschichtsverständnis auch kaum mehr als ein paar tausend Jahre zurückreicht, ist uns nicht klar, dass wir Bestandteil dieses Tanzes sind. Wir leben in einem winzigen Zeitfenster der Geschichte, noch dazu in einem, das erdgeschichtlich betrachtet von Ruhe und Stabilität geprägt ist. Erst seit Kurzem wissen wir, dass wir gegenwärtig in einer Zwischeneiszeit leben.

Heute lernt jedes Kind in der Schule über die Eiszeiten und kennt den erfolgreichen fünfteiligen Animationsfilm *Ice Age*, der diese Zeit allerdings sehr fantasievoll darstellt. Trotzdem wissen wir nur wenig darüber, wie sehr die Eiszeiten noch heute die Welt beeinflussen. Den Wenigsten ist bewusst, dass es noch immer Reste dieses Eises gibt, wenn auch weit außerhalb unseres Blickfeldes. Für Millionen von Menschen spielen diese Reste trotzdem eine wichtige, oft übersehene Rolle – auch an Orten, die man keineswegs mit Eis und Schnee verbindet.

Paradies

It never rains in Southern California
But girl don't they warn ya
It pours, man it pours.

Albert Hammond

Es gibt Orte auf der Welt, bei denen einem automatisch die Bezeichnung »Paradies« in den Sinn kommt. Orte, an denen wir gerne wohnen würden, wenn wir die Möglichkeit hätten und es uns leisten könnten, oder an denen wir wenigstens unsere Ferien verbringen wollen. Orte, an denen die Sonne scheint und die Temperaturen – auch die Wassertemperaturen – angenehm sind. Aber Sonne und Wärme sind nicht genug: In einem Paradies muss die Landschaft fruchtbar sein, es müssen Milch und Honig fließen oder wenigstens die unterschiedlichsten Früchte wachsen. Auch Weintrauben.

Ein solcher Ort ist Kalifornien. Über kaum eine andere Region sind so viele populäre Songs geschrieben worden: ›California Dreamin'‹, ›Back to California‹, ›California Calling‹, ›California here I come‹, ›California Paradise‹, ›California Nights‹, ›California Rose‹, ›California Song‹, ›California Soul‹, ›California Sun‹ usw. Es gibt sogar ein Lied mit dem Titel: ›We Don't Need Another Song About California‹.

Diese Songs gehen mir durch den Kopf, als ich über einen

kleinen Gebirgsrücken aus der schönen Bucht von San Francisco fahre und sich das Kalifornische Längstal, das Central Valley vor mir ausbreitet. Es ist eine der produktivsten Landwirtschaftszonen der Welt, denn was Kalifornien zu einem Paradies macht, ist nicht nur der Traum vom schönen Leben am Strand, den die Beach Boys und andere besingen, sondern vor allem die Fruchtbarkeit. Kilometer auf Kilometer mit Zitrusfrüchten und Mandeln und etwas weiter nördlich, in Napa und Sonoma, endlose Reihen von Weinreben. Man vergisst leicht, dass es hier nicht immer so ausgesehen hat und dass viel Arbeit hinter diesem heutigen Anblick steckt. John Steinbeck schildert die harte Landarbeit in seinem Roman ›Früchte des Zorns‹.

Vielleicht ist der Goldrausch von 1849 für die Sonderstellung Kaliforniens verantwortlich. Die Erde hat viele Regionen zu bieten, die ähnlich angenehm und fruchtbar sind. Auch woanders wachsen Wein, Zitrusfrüchte und weitere Kostbarkeiten, zum Beispiel im Mittelmeerraum. Auch die Provinz Westkap in Südafrika und der Bundesstaat New South Wales in Australien gelten als paradiesische Fleckchen, ebenso die Provence, Ligurien und die Costa Blanca.

Eine Gemeinsamkeit dieser Orte ist das mediterrane Klima. Die Temperaturen sind das ganze Jahr über angenehm, wobei ein Teil des Jahres recht feucht ist, während die Sommer warm und trocken sind. Die Touristen lieben die trockenen Sommermonate. Doch die Trockenheit kann zu einem Problem für die Landwirtschaft werden, besonders wenn die Temperaturen weit über 30 Grad liegen. Um ein Paradies zu sein, braucht eine Region auch in den trockenen Monaten Wasser. Manchmal ist dies über Flüsse sichergestellt, die von weit her kommen, typischer ist aber, dass in der Nähe hohe Gebirgsregionen liegen, wo im Winter entweder viel Schnee fällt oder sich dauerhafte Gletscher befinden, die als »Wasserschloss« dienen können. Mithilfe des Schmelzwassers aus solchen Quellen bleibt das Land das ganze Jahr über fruchtbar.

Dies trifft auf die Regionen südlich der Alpen in Norditalien und dem südöstlichen Frankreich (Provence) zu. Und auf die Täler östlich und westlich der Anden in Argentinien und Chile mit ihren Weinbergen. Ähnliche Verhältnisse finden wir auch in Andalusien und im südöstlichen Australien. Hier kommt das Wasser aus den Bergen, die im Winter meist schneebedeckt sind (Andalusien hat die Sierra Nevada und New South Wales die Snowy Mountains – beide Namen bedeuten »Schneeberge«). An manchen Orten finden sich sogar Gletscher, ohne dass die Menschen dies wissen, weil sie wie in den Zentralanden mit Schutt bedeckt sind. Ähnliche Bedingungen herrschen in Kalifornien. Es regnet zwar hin und wieder, die meiste Zeit des Jahres ist das Klima aber sehr angenehm, ohne dass zu große Trockenheit herrscht. Der Schnee, der in der kalifornischen Sierra Nevada schmilzt (und die Gletscher, die es dort noch gibt), sorgen dafür, dass die Weinreben, Mandelbäume, Rasenflächen und Golfplätze immer genug Wasser haben. Die Flüsse trocknen nie aus, sodass die Lachse auch heute noch dort laichen.

Ohne Schnee und/oder Gletscher wären weder Kalifornien noch die anderen hier genannten Regionen Paradiese. Nur dank des Frosts und dank der Tatsache, dass in den Bergen Wasser in Form von Eis und Schnee gespeichert wird, der in der warmen Jahreszeit langsam schmilzt, werden die heißen Jahreszeiten als angenehm, ja paradiesisch empfunden. Die Fruchtbarkeit dieser Regionen ist hauptsächlich auf das Schmelzwasser zurückzuführen. Darüber sollte man ruhig einmal nachdenken, wenn man einen kalifornischen Zinfandel mit provenzalischem Käse und andalusischen Oliven genießt. Es schmeckt nach Süden, nach Sonne und Wärme. Und doch wäre all dies ohne Schnee und Eis nicht möglich. Die Kryosphäre ist der eigentliche Ursprung all dieser Spezialitäten.

Für die Menschen, die das Leben in San Francisco oder Los Angeles genießen, ist es kaum vorstellbar, dass das Wasser, mit dem sie sich abkühlen, einmal in der Sierra Nevada als Schnee gefallen ist. Doch dem Department of Water Resources zufolge stammen tatsächlich 30 Prozent des Wassers, das die Kalifornier nutzen, aus der Schneeschmelze. Und beim Trinkwasser sind es laut Jim Roche, Hydrologe im Yosemite-Nationalpark, sogar 75 Prozent.

Die Niederschläge, die vom Stillen Ozean kommen, fallen in den höheren Regionen der Sierra Nevada, die vielerorts 3000 Meter übersteigen, als Schnee. Normalerweise sammelt der Schnee sich im Winter bis in den März und April hinein, bis die Wärme die Schneeschmelze einleitet. Das Schmelzwasser fließt in den Tälern ab oder wird in Stauseen aufgefangen. Im späten Frühjahr und im Sommer sind es die Stauseen und Aquädukte, die von den Flüssen und dem Sacramento-San Joaquin River Delta wegführen, die für die Wasserversorgung herangezogen werden. Sie halten die Landwirtschaft am Leben und sorgen dafür, dass die Rasenflächen in den Vorstädten der Megacitys grün bleiben.

Der Schnee ist jedoch nicht das einzige Wasserlager in der Sierra Nevada: Es gibt dort auch noch Gletscher, obwohl sich viele von ihnen zurückgezogen haben, insbesondere nach der kleinen Eiszeit, einer Kältephase Mitte des 19. Jahrhunderts. Während einige der Gletscher tatsächlich erst in dieser Zeit entstanden sind, weisen andere ein höheres Alter auf. Ein paar von ihnen sind erst vor Kurzem sichtbar geworden. Es sind die Steingletscher, die von Schutt und Schotter bedeckt sind und doch ebenso dazu beitragen, dass das Tiefland mit Wasser versorgt wird.[28]

Die Schlange im Paradies

Doch etwas ist faul im Paradies. Es riecht verbrannt. Auf der Straße, die durch das Yosemite Valley im Westen der Sierra Nevada führt, fahren wir immer wieder an Waldbrandflächen vorbei. An anderen Orten sind die Nadelbäume braun und nach vier aufeinanderfolgenden Dürrejahren dem Absterben nahe. Unterwegs halten wir an, begutachten ein paar der toten Stämme und sehen, dass die Borkenkäfer ganze Arbeit geleistet haben, was immer dann möglich ist, wenn die Bäume geschwächt sind. Als wir weiterfahren, sehen wir schließlich, warum es noch immer vier Millionen Besucher pro Jahr in den Yosemite-Nationalpark zieht. Das Tal öffnet sich zwischen senkrechten Felswänden und bietet Raum für die beindruckenden Küstenmammutbäume – die höchsten Bäume der Welt. Beeindruckt stellen wir fest, dass man sich nicht nur im Angesicht von Bergriesen klein fühlen kann.

Der Yosemite-Nationalpark ist die Mutter aller Nationalparks. Seine Geschichte begann damit, dass Abraham Lincoln 1864 mitten im Amerikanischen Bürgerkrieg den »Yosemite Grant Act« unterzeichnete. Darin wurden die Areale im Yosemite Valley und der Mammutbaumhain Mariposa Grove Kalifornien zugesprochen, mit dem Ziel, diese Regionen zu schützen und als Erholungsgebiete zu nutzen. Grund dafür waren vor allem die gigantischen Riesenmammutbäume, die immer wieder in Gruppen zusammenstehen, die größte davon in Mariposa Grove. Es sind die massivsten Bäume der Welt, und einige von ihnen sind bis zu 2700 Jahre alt. Lincoln hatte diese Bäume selbst nie gesehen, und noch am Tag seiner Ermordung sagte er, dass er nach Kalifornien reisen wolle, um sie zu sehen.[29]

Später gelang es dem legendären Naturschützer John Muir, Begründer des Sierra Clubs (eine der ersten und weltweit prominentesten Umweltorganisationen), Präsident Theodore Roosevelt zu überreden, ein weit größeres Areal rund um das Yosemite Valley zum Nationalpark zu erklären. Ein Präzedenzfall, auf den sich später andere Nationalparks sowohl in den USA als auch andernorts berufen sollten. Wäre dies nicht geschehen, gäbe es sicher nicht mehr so viele Küsten- und Riesenmammutbäume. Der Nationalparkstatus hat die kalifornischen Behörden aber nicht daran gehindert, auch in diesem Gebiet große Reservoire und Staudämme zu errichten. Der Stausee Hetch Hetchy Valley ist eine der wichtigsten Wasserquellen für San Francisco und Umgebung. Kurz nach meiner Abreise zeigte sich jedoch, dass man beim Bau dieser Dämme nicht berücksichtigt hatte, dass der Winterniederschlag in den Bergen auch einmal als Regen fallen könnte, aber dazu später mehr.

Ein weiterer Risikofaktor der Region ist der beständig zunehmende Tourismus. Inzwischen kommen jährlich mehr als vier Millionen Menschen. Die meisten davon besuchen das spektakuläre Yosemite Valley, das von mächtigen Granitformationen wie dem El Capitan und dem Half Dome umrahmt wird. Kaum ein Berg wird häufiger fotografiert als diese beiden. Im Tal selbst gibt es nur wenige Übernachtungsmöglichkeiten, sodass viele Touristen in Zelten übernachten, obwohl in der Region sowohl Schwarzbären als auch Pumas heimisch sind. Überall stehen deshalb Schilder, die die Touristen auffordern, Essen und Essensreste in geschlossenen Behältern aufzubewahren, damit die Bären keine Witterung aufnehmen können. Auf unserer Weiterfahrt sehen und riechen wir Rauch und denken, dass wieder irgendwo der Wald brennt. Schnell stellt sich aber heraus, dass es die Waldranger sind, die kontrollierte Feuer entfacht haben und damit weiteren Waldbränden vorbeugen. Während man früher versucht hat, jeden noch so kleinen Brand zu löschen, verfolgt man heute eine andere Praxis. Das Löschen aller Brände führte nämlich dazu, dass der Wald viel dichter wurde, als es für den Bestand gut war. In natürlichen Systemen entstehen nach Blitzeinschlägen immer wieder Brände, was letztlich zu kleinen waldfreien Flecken und zur Auffrischung des Bestandes führt. Auf diese Weise entstehen nur selten großflächige Brände. Auch für das Ökosystem und die Tiere ist dies besser, da auf den Lichtungen Gras und andere Pflanzen wachsen, die die Tiere brauchen. Und im Winter liegt dort Schnee.

Diese neue, zu Beginn kontrovers diskutierte Praxis geht auf den Wissenschaftler Roger Bales zurück, den ich in Merced treffe. Merced ist eine kleine Universitätsstadt im Central Valley, dem Längstal, das sich durch ganz Kalifornien zieht. Bales' Forschung beschäftigt sich mit der Frage, was Ranger, Bauern und andere tun können, um der Trockenheit zu begegnen, die Kalifornien im Laufe der letzten Jahre immer wieder heimgesucht hat. Hier diskutiert man nicht mehr darüber, ob der Klimawandel durch uns Menschen verursacht wurde oder nicht. Er wird als Tatsache betrachtet, für die Lösungen gefunden werden müssen.

Vermehrte Waldbrände sind nur eine Seite der Krise. »Die Anzahl der Waldbrände korreliert mit dem Klima«, sagt Bales, »aber die Trockenheit ist nichts Ungewöhnliches. Neu ist aber, dass Trockenheit und Hitze zusammenfallen.«

Dass man den Wald falsch bewirtschaftet hat und er dadurch zu dicht geworden ist, macht es noch schlimmer. Je mehr Bäume, desto mehr Flüssigkeit ziehen sie aus dem Boden. Zu dichter Wald trocknet den Boden und schließlich auch die Bäume aus, die dann welken und leichte Beute für den Borkenkäfer werden. Stirbt der Wald, setzt er klimawirksame Gase frei, anstatt sie aufzunehmen, womit ein Teufelskreis in Gang gesetzt wird. Deshalb ist die Waldbewirtschaftung, die man hier und in der Sierra Nevada begonnen hat, so wichtig. Sie befähigt den Wald, weiterhin als eine der größten CO_2-Senken zu fungieren und den Kaliforniern zu helfen, die Trockenheit zu überleben.

Eine Art, der Dürre zu begegnen, ist die Verbesserung und Pflege der Wasserreservoire. Gemeint sind nicht nur künstliche Staudämme, wie es sie auch in Yosemite und der Sierra Nevada gibt, sondern insbesondere auch natürliche Wasserspeicher, wie die Waldflächen und der Boden. Nicht zuletzt auch der Schnee, der die Kalifornier in den trockenen Monaten mit Schmelzwasser versorgt. 30 Prozent des Wassers, das die Kalifornier nutzen, und gar drei Viertel ihres Trinkwassers kamen früher aus dem Schnee – als es noch Schnee *gab*. Wenn der Wald lichter wird – ein Prozess, den die Natur durch natürliche Brände immer wieder fördert –, fällt mehr Schnee auf den Boden, sodass weniger Wasser verdunstet.

Bales hat früher die grönländischen Gletscher untersucht, erforscht nun aber seit Jahren die Hydrologie von Kalifornien, insbesondere den Effekt, den der Klimawandel auf den Wasserhaushalt hat. Neu ist, wie er betont, dass die Schneedecke, die sich auf die Sierra Nevada, die Bergkette im Osten Kaliforniens, legt, dramatisch dünner geworden ist, was im Sommer zu verminderten Abflüssen in den Gewässersystemen führt, aus denen Kalifornien versorgt wird.

Dies hat Einfluss sowohl auf die Wälder als auch auf den Boden, insbesondere in Kombination mit höheren Temperaturen. Bales betont, dass der Wald an den Westhängen der Sierra Nevada ein wichtiger Puffer für das Wasser ist und viel Feuchtigkeit zurückhält. Dass der Wald selbst nun ums Überleben kämpft, ist deshalb ein großes Problem. Doch die Trockenheit wirkt sich nicht nur auf den Wald aus. Auch die Landwirtschaft leidet, und einige Zonen sind bereits unbrauchbar geworden. Gleichzeitig müssen die Einwohner dieses dicht besiedelten Landes strengere Restriktionen ihres Wasserverbrauchs in Kauf nehmen. Es ist nicht mehr erlaubt, Bewässerungsanlagen konstant laufen zu lassen, und vielerorts sind bereits stark begrenzte Bewässerungszeiten vorgeschrieben.

Eine Ursache des Wassermangels ist das Bevölkerungswachstum: von wenigen Tausend Mitte des 19. Jahrhunderts zu 40 Millionen Menschen heute. Gleichzeitig hat das Klima sich geändert, ob dies nun auf menschliche Aktivitäten zurückzuführen ist oder auf natürliche Schwankungen. Auf jeden Fall ist es trockener und etwas wärmer geworden. Diese Verschiebung reicht schon aus, um das Gleichgewicht zwischen Wasser in flüssiger und gefrorener Form, zwischen Niederschlag als Schnee oder als Regen, aus den Fugen zu bringen.

Die Art, wie der Niederschlag fällt, ist nämlich von entscheidender Bedeutung. In Regionen mit mediterranem Klima fällt der Regen häufig in konzentrierten Perioden, während es zu anderen Jahreszeiten trocken ist. Bekanntlich geht viel Wasser ungenutzt verloren, wenn der ganze Regen auf einmal fällt. Dann helfen auch Staudämme und künstliche Reservoire nur wenig. Genau dies geschah im Januar/Februar 2017: Der Niederschlag fiel auch in den Bergen als Regen und die Dämme liefen über. Schnee hingegen kann den Abfluss puffern. Überdies ist die Schneeschmelze häufig dann am stärksten, wenn man das Wasser gut gebrauchen kann. Niederschlag als Schnee ist deshalb wie Geld auf der Bank: eine Rücklage für später.

Im Central Valley gibt es keinen Wald. Dort ist das Grundwasser der wichtigste Puffer für die Trockenzeit. Traditionell verbraucht die Landwirtschaft viel Wasser, insbesondere für den Hauptexportartikel, die Mandeln. Kalifornien ist der weltweit größte Mandelproduzent, und der Verdienst an den Mandelbäumen ist hoch. Andererseits brauchen diese Bäume viel Wasser – und zwar das ganze Jahr über. Für jede kleine Mandel werden umgerechnet vier (!) Liter Wasser benötigt, sodass die Mandelbäume zehn Prozent des gesamten Wasserbedarfs in Kalifornien verschlingen. Für die Bauern lohnt es sich trotzdem, denn Mandeln sind gefragt, speziell bei Veganern, die daraus ihre Mandelmilch herstellen. Noch dazu glauben sie, der Umwelt damit etwas Gutes zu tun. Eine Studie der University of California zeigt, dass für einen Liter Mandelmilch ganze 6000 Liter Wasser nötig sind!

Inzwischen versucht man, die Grundwasserentnahme unter Kontrolle zu bekommen, unter anderem durch den neue »Sustainable Groundwater Management Act«. Ziel dieses Gesetzes ist es, dass die Bauern einen möglichst hohen Teil des entnommenen Wassers wieder ins Grundwasser einspeisen. Ein schwieriges Thema, bei dem große wirtschaftliche Interessen im Spiel sind. Das Central Valley gehört zu den weltweit am intensivsten genutzten Landwirtschaftsgebieten. Vielleicht muss man längerfristig von wasserintensiven Früchten und Nüssen auf andere Pflanzen umstellen, was jedoch weniger lukrativ wäre.

Trotz der großen Dürreproblematik in den letzten Jahren glaubt Bales daran, dass man die Krise bewältigen wird. Er meint, es sei nicht gesagt, dass die Trockenheit ein wiederkehrendes Phänomen ist. Es habe auch schon früher längere Trockenphasen gegeben, die irgendwann wieder vorbei waren. Neu sind jetzt allerdings die hohen Temperaturen, die die Krise verschärfen. Man hatte auf Besserung durch den El-Niño-Effekt gehofft. Im Winter 2015/16 gab es nach den vorherigen Katastrophenjahren wieder etwas stärkere Niederschläge. Doch sie waren bei Weitem nicht stark genug. Dafür schüttete es im Januar und Februar 2017, doch dieser Niederschlag fiel hauptsächlich als Regen, sodass viel davon ungenutzt abfloss.

Ich war gerade aus Kalifornien abgereist, als der Regen begann. Es regnete nicht, es schüttete, wie es dort oft der Fall ist. Die Dämme konnten die Wassermassen nicht halten, manche brachen sogar, wie am Lake Oroville, wo der Wasserstand normalerweise im Juni am höchsten ist, und nicht im Februar. In der Folge mussten 188 000 Menschen evakuiert werden. Auch der San Joaquin River drohte über die Ufer zu treten. Es gab Murenabgänge und Hangrutschungen, Bäume stürzten auf die Straßen, und mehrere Menschen kamen zu Tode. Sogar in Südkalifornien, »wo es nie regnet«, kam es zu Unwettern und Hochwasser. Bales hatte den Grund dafür bereits genannt: Fast der gesamte Niederschlag in der Sierra Nevada war als Regen gefallen und nicht wie üblich als Schnee. Der kleine Temperaturanstieg hatte sowohl die Flut als auch die Trockenheit verursacht. »Es braucht keine große Erwärmung, damit die Winterstürme statt Schnee Regen bringen«, sagt Bales.

Im Sommer 2017 verwüsteten weitere Waldbrände Teile des Staatsgebietes. Die intensiven Winterniederschläge in Form von Regen hatten die Trockenheit nicht verhindern können.

Die Dürre in Kalifornien zeigt, dass die Veränderungen

der Kryosphäre große Folgen haben können, sogar in Regionen mit optimalen, beinahe paradiesischen Klimabedingungen, wo Schnee und Eis nie Probleme bereiten und kaum sichtbar sind – außer vielleicht für Skiläufer, die weit in die Berge hineinfahren. Sogar in einer reichen und stark entwickelten Region der Welt geschieht dies. Die Dürreprobleme hier zeigen, dass die Klimakrise nicht nur weit entfernte Regionen trifft. Die Veränderungen geschehen hier und jetzt und manifestieren sich als *Wasserkrise*. Solche Krisen wird es bald überall auf der Erde geben, denn in vielen Gegenden ist man zur trockenen Jahreszeit auf das Schmelzwasser angewiesen. Dies gilt insbesondere für die Länder, die an die großen Bergketten Alpen, Anden, Kaukasus, Karakorum und Himalaya angrenzen. Allein Letzterer hält mit seinem Schmelzwasser Hunderte Millionen Menschen in den Trockenzeiten am Leben. Und während es in Kalifornien möglich ist, der Krise einfach mit größeren Dämmen und besseren Wasserversorgungssystemen zu begegnen, weil man das Geld und die Technik dafür hat, sind solche Lösungen in anderen, ärmeren Teilen der Welt nicht möglich, da hier unter anderem auch die Gesteine deutlich instabiler sind.

Das Rückgrat des Kontinents

What good is the warmth of summer,
without the cold of winter to give it sweetness.

John Steinbeck[30]

Kalifornien wird vielleicht einen Ausweg finden. Wenn es einen Ort auf der Welt gibt, an dem man Lösungen für die Probleme der Zukunft findet, dann dort. Immerhin ist das Land die Speerspitze der technologischen Entwicklung, und es gibt Hoffnung, dass auch der Wassermangel mithilfe moderner Technologie bekämpft werden kann. Das Stichwort lautet Entsalzung, die Gewinnung von Süßwasser aus dem Meer. Im Prinzip ist dies bereits möglich, und in kleinem Maßstab wird es auch schon praktiziert. Noch ist es zu teuer und energieaufwendig, die Mengen an Süßwasser zu produzieren, die eine intensive Landwirtschaft benötigt. Doch Geld ist in Kalifornien keine Mangelware, im Silicon Valley wimmelt es von Milliardären.

Das größere Problem liegt meiner Meinung nach auf der anderen Seite der Berge, wie ich auf dem Flug von San Francisco Richtung Nordosten sehen kann. Wie soll das Wasser für das endlose Prärieland östlich der Rocky Mountains – den »großen Geschwistern« der Sierra Nevada – ausreichen? Das Land, in dem früher riesige Bisonherden über die weite Prärie zogen, von Texas bis nach Alberta und Saskatchewan. Es ist die Kornkammer der Welt, von der nicht nur die wachsende Bevölkerung der USA abhängig ist, sondern auch viele arme Menschen auf der ganzen Welt. Ohne das Getreide aus der ehemaligen Prärie würden die Lebensmittelpreise ins Unermessliche steigen und Millionen von Menschen hungern.[31]

Neben der fruchtbaren Erde hält vor allem Wasser aus den Quellen der Rocky Mountains diesen Wirtschaftszweig am Leben. Dazu gehören eines der größten Flusssysteme der Erde, der Mississippi-Missouri, aber auch weitere wie der Pecos-Rio Grande, der Saskatchewan, Mackenzie und Athabasca. All diese Flüsse werden zum größten Teil aus den Rocky Mountains gespeist, sie bekommen ihr Wasser von der Schneeschmelze, von Gletschern und aus Seen, die aus geschmolzenen Gletschern entstanden sind. Wie an vielen anderen Orten hat man auch dort das Wasser für selbstverständlich gehalten. Kaum jemand hat bedacht, dass diese natürliche Ressource versiegen könnte, weil den Wenigsten bewusst war, woher sie kommt. Dort wie andernorts wurde die Wasserversorgung hauptsächlich mit Niederschlag in Verbindung gebracht. Solange es genug regnet, dachte man, führen die Flüsse ausreichend Wasser.

Doch so einfach ist es nicht, wie das Beispiel Kalifornien gezeigt hat. Wenn alles Wasser auf einmal in Form von Regen fällt, können weder die Natur noch von Menschenhand geschaffene Infrastruktur die Wassermassen nutzen. Es gibt Überschwemmungen und Zerstörung, unter anderem in Form von Erosion. Kommt der Niederschlag hingegen als Schnee, kann er liegen bleiben und bis zum Frühling oder Sommer überdauern. Er schmilzt genau dann, wenn die Natur und die Bauern das Wasser am dringendsten brauchen. Auch der Wald und andere Vegetation können das Wasser aufnehmen und nach und nach wieder an den Kreislauf der Natur abgeben. Die Pflanzen verbrauchen einen Teil für ihr Wachstum (der größte Teil der pflanzlichen Masse ist bekanntlich Wasser), während der Rest verdunsten und zu neuem Regen werden kann. Dies ist das Prinzip der tropischen Regenwälder, in denen die Vegetation ihr eigenes Bewässerungssystem erschaffen hat. Regenwälder und Gletscher oder Schnee haben die gemeinsame Eigenschaft, dass sie den Wasserkreislauf verzögern und somit das Wasser gleichmäßig über das ganze Jahr verteilen.

Aus der Luft bekommt man ein ganz anderes Bild der Landschaft als vom Boden aus. Fliegt man über das Inlandeis Grönlands, begreift man, wie enorm die Kryosphäre ist. Das Weiß erstreckt sich in allen Richtungen weiter, als das Auge reicht. Fliegt man entlang der Rocky Mountains, bekommt man eine Vorstellung von der Größe dieser Gebirgskette. Man sieht, wie das Wasser die Landschaft geformt hat, von den Gletschern der Gipfelregionen bis zu den Furkationen der Flusstäler und Bachbetten, die das Schmelzwasser von Gletschern und Schnee geschaffen hat. Im Hochgebirge ist das Wasser Teil eines weiteren Kreislaufs, nämlich dem des Frosts. Der Niederschlag legt sich in Form von Schnee auf Gletscher oder gefrorenen Boden (Permafrost) und wird zum Teil des »Eisfachs«. Eine Schicht dieses »Eisfachs« ist quasi unsichtbar. Permafrost ist äußerlich nicht zu erkennen und ist bis heute auch im wörtlichen Sinne übersehen worden. Man hat nicht begriffen, wie viel er für die Wasserversorgung bis in die Täler hinab bedeutet. Dabei ist es der Permafrost, der viele kleine Bäche speist, die die Vegetation an den Berghängen zum Leben erwecken: von Flechten und Moos im Hochgebirge über grasige Hänge bis zu Wäldern unterhalb der Baumgrenze. Schließlich vereinen sich all die kleinen Bäche zu Flüssen und bewässern die Täler und Ebenen.

Die Rocky Mountains, die vor etwa 80 Millionen Jahren zu entstehen begannen, sind in vielerlei Hinsicht das Rückgrat Nordamerikas. Hier gibt es die höchsten Berge, hier leben die Prototypen der amerikanischen Fauna wie Grizzly, Elch, Dickhornschaf und Weißkopfseeadler. Es war das Land der Abenteurer, wo man zur Zeit der Pioniere mit Pelzen oder Gold reich werden oder auch zu Grunde gehen konnte.

Die Bergkette teilt Nordamerika geografisch und klimatisch: An der Westküste, von Kalifornien bis British Columbia, herrscht Meeresklima mit warmen Sommern und milden, feuchten Wintern. (Zwischen dem Küstengebirge und den Rockies liegen trockene, wüstenartige Gebiete.) Östlich der Rocky Mountains dominiert kontinentales Klima mit warmen Sommern und kalten Wintern, relativ wenig Niederschlag und großen Temperaturunterschieden, die oft starken Wind bewirken. Die geografischen und klimatischen Unterschiede zeigen sich auch in der Landwirtschaft: Im Westen sind die Verhältnisse optimal für Obst und Gemüse, östlich der Rocky Mountains wächst vor allem Getreide – im westlichen Teil mehr Weizen, im östlichen eher Mais.

Die warme, feuchte Pazifikluft (in der Regel herrschen dort Westwinde vor) bleibt an den hohen Bergen hängen und wird zu Wolken und Niederschlag verdichtet. Da die Rocky Mountains bis über 4000 Meter hoch sind, fällt im Winter viel Niederschlag als Schnee, sodass viele Gletscher, die noch aus der letzten Eiszeit übrig geblieben sind, erhalten blieben. In der sogenannten Kleinen Eiszeit (etwa 1350–1850) vergrößerten sich die Gletscher sogar. Zum andern dient der Schnee, wie oben beschrieben, als Wasserspeicher, der sein Wasser »portioniert« und dafür sorgt, dass die Flüsse nicht austrocknen. Drittens hat der Schnee den Rocky Mountains eine ganz spezielle Fauna und Flora beschert. Tiere und Pflanzen haben sich an den Wechsel der Jahreszeiten angepasst.

Für die europäischen Einwanderer waren die Rocky Mountains zunächst eine Grenze, ab der keine Landwirtschaft mehr möglich war, sowie ein strapaziöses Hindernis auf dem Weg ins fruchtbare Kalifornien, wo zudem noch Gold lockte. Damals bedachte niemand, dass gerade die Rocky Mountains es möglich machten, die produktivste Landwirtschaft der Erde aufzubauen. Auf den Punkt gebracht: Die Landwirtschaft der Neuen Welt lebt von der Gnade der Kryosphäre. Ohne die »Wassertürme« der Rocky Mountains wäre die Prärie einen Großteil des Jahres zu trocken für den Getreideanbau.

Die Einwanderung in den Mittleren Westen und die Kultivierung der Prärie geschah im 19. Jahrhundert, als die Auswirkungen der Kleinen Eiszeit noch zu spüren waren. Die Wasserversorgung war gut. Leider ändert sich dies heute aus zwei Gründen.

Aufgrund der Klimaerwärmung fällt weniger Schnee, und er bleibt nicht so lange liegen wie früher. Die Schneegrenze steigt, der Schnee kommt später und schmilzt früher. Dies hat zur Konsequenz, dass es auch bei gleicher Niederschlagsmenge im Frühling und Sommer weniger Wasser gibt.

Ich fliege über Montana, den US-Staat, der für seine Wildnis bekannt ist. Es ist das Kerngebiet der Rockies, mit vielen hohen Gipfeln und Gletschern. Aber auch dort hat die Schneemenge seit 1980 um 20 Prozent abgenommen.[32] Gleichzeitig ist die Durchschnittstemperatur um 1,3 Grad gestiegen und somit fast doppelt so stark wie im Rest der USA, weil sich die Erwärmung im Norden stärker bemerkbar macht. Das Bild ist in den gesamten Rocky Mountains das gleiche: Die Schneeschmelze setzt zehn bis 30 Tage eher ein als früher. Überdies wirken sich die Erwärmung und die Veränderung des Niederschlags auf den Zustand der Gletscher aus. Etliche Gletscher sind seit der Kleinen Eiszeit komplett verschwunden. In Montanas Glacier-Nationalpark erinnert bald nur noch der Name an die Gletscher. Zwei Drittel der 150 Gletscher, die es 1850 dort gab, sind mittlerweile verschwunden. Die übrigen schrumpfen immer weiter, wie der Glaziologe Daniel Fagre warnt, der die Entwicklung der Gletscher im Nationalpark lange Zeit studiert hat.[33]

Dasselbe gilt für Kanada, das im Norden an Montana grenzt. Im Norden der Provinz Saskatchewan schrumpften die Gletscher zwischen 1975 und 1998 um 22 Prozent, im Süden sogar um 36 Prozent. Beide Einzugsgebiete liegen im kanadischen Teil der Rocky Mountains. Im Banff-Nationalpark (Alberta) sind seit 1985 29 Gletscher komplett verschwunden. In der gesamten Provinz geht man von 25,4 Prozent Gletscherschwund seit 1985 aus. Neue Messungen zeigen, dass die Gletscher inzwischen noch schneller abschmelzen, die Massenbilanz (das Verhältnis zwischen Zuwachs und Abschmelzen) wird immer negativer.[34]

Die Massenbilanz ist gewissermaßen die »Abrechnung« eines Gletschers. »Einkommen« ist der Schnee, der im Winter fällt, »Ausgaben« das, was im Sommer abschmilzt. Wenn Letzteres größer wird, gibt es rote Zahlen, und das »Kapital« – die Gletscher – schwindet. So war es tendenziell seit dem Ende der Kleinen Eiszeit, mit einer beschleunigten Negativbilanz in den letzten Jahren. Der entscheidende Faktor in dieser Rechnung ist der Temperaturanstieg, der zu mehr Regen statt Schnee in den kühlen Jahreszeiten und zu einem stärkeren Abschmelzen im Sommer geführt hat. Damit stehen die Rocky Mountains nicht allein, denn seit

1980 hat sich die weltweite negative Massenbilanz verdreifacht.[35] Hunderte Gletscher sind allein in den Rocky Mountains verschwunden.

Vorläufig wirkt sich dies noch nicht spürbar auf die Wasserversorgung aus. Abschmelzen bedeutet ja zunächst, dass es auch mehr Wasser gibt, doch dies ist auf kurze Sicht gedacht. Auf lange Sicht verlieren wir das »Kapital«. Noch im Lauf dieses Jahrhunderts – wenn die Gletscher weiter verschwinden – wird dies auch Auswirkungen auf die großen Flusssysteme haben. Wie wird es dann mit der intensiven Landwirtschaft in der Prärie weitergehen? Eine Studie von 2012 hat ausgerechnet, dass der Anteil von Gletscherwasser in vielen Flüssen der Region zwischen 23 und 54 Prozent beträgt.[36] Die Klimaerwärmung macht sich in den Rocky Mountains auch auf andere Weise bemerkbar. Sie verändert das Ökosystem des Hochgebirges. Oben war bereits die Rede von der charakteristischen Fauna der Region, die durch bekannte Arten wie den Grizzly symbolisiert wird. Darüber hinaus gibt es dort endemische Arten, die nirgendwo sonst existieren, zum Beispiel den Amerikanischen Pfeifhasen, einen putzigen Verwandten des Hasen mit runden Ohren. Er ist an ein Leben im Hochgebirge angepasst, wo er sich unter Geröll und Schnee versteckt. Temperaturen über 25 Grad überlebt er nicht, weshalb er sich in immer größere Höhen zurückziehen muss, was natürlich seine Grenzen hat.

Auch die Fressfeinde des Pfeifhasen, Luchse und Vielfraße, sind an ein Leben im Schnee angepasst. Der Vielfraß lebt zu einem großen Teil von gefrorenen Kadavern, die er ausgräbt. Mit dem Schnee schwinden auch seine Überlebenschancen, sodass auch diese Art in den Rockies akut vom Aussterben bedroht ist. Ein ähnliches Schicksal droht dem Karibu (nordamerikanisches Rentier), dem Schneeschuhhasen und dem Murmeltier. Die Grizzlys, die früher in weiten Teilen des Landes umherzogen, sind heute in einzelnen Bergregionen voneinander abgeschnitten.

Weil das Abschmelzen der Gletscher und die Veränderungen in der Tierwelt für alle sichtbar sind, wächst auch das Bewusstsein über die Bedeutung und den Rückgang der Kryosphäre. Die Menschen beginnen zu verstehen, dass beliebte touristische Ziele wie die Sierra Nevada, der Glacier-, Yellowstone- und der Banff-Nationalpark und das Columbia-Eisfeld sich in nächster Zukunft drastisch verändern werden, wenn die globale Erwärmung nicht gestoppt wird. Sogar der Glacier-Nationalpark in Montana kann trotz seines Namens schon Mitte des Jahrhunderts eisfrei sein.

Die Abhängigkeit des Ökosystems von der lokalen Kryosphäre ist an vielen Orten der Erde gegeben – auch vor unserer Haustür, wie das folgende Kapitel zeigen soll.

Alpen: Wenn Schnee und Eis gefährlich werden

Vor den Alpen, die in der Entfernung von einigen Stunden hieherum sind, stehe ich immer noch betroffen (…) und über ihrem Schnee in hellerem Blau die Sonne und die Sterne bei Tag und Nacht erglänzen.

Friedrich Hölderlin an Christian Landauer, Februar 1801

Berner Oberland, Februar 2018. Ich hatte Schnee erwartet, massenweise Schnee. Schließlich war es der schneereichste Winter seit Langem. Den Meteorologen zufolge hatte es in den letzten 30 Jahren nur einmal Vergleichbares gegeben. Fast jeden Tag kamen Meldungen über Dörfer, die von der Umwelt abgeschnitten waren. An manchen Orten flog man Touristen mit Helikoptern aus. In den italienischen Alpen waren 10 000 Touristen gestrandet. Der exklusive Schweizer Ferienort Zermatt am Matterhorn war isoliert. Überall gingen Lawinen ab, allein in Frankreich hatte es in dieser Saison schon 20 Lawinenopfer gegeben. Viele dieser Lawinen waren an Orten abgegangen, an denen selbst erfahrene Bergführer es nie erwartet hätten. Sogar das jährliche Weltwirtschaftsforum in Davos hätte beinahe abgesagt werden müssen.

Wo also war der Schnee? Schließlich befand ich mich in

der Schweiz. Sogar norwegische Skiläufer reisen zum Training dorthin, wenn der Schnee in Norwegen ausbleibt. Die Schweiz ist die Wiege des Skitourismus, obwohl wir Norweger die Ersten waren, die auf Skiern *liefen*. Der alpine Skisport als Freizeitaktivität und Grundlage einer Milliardenindustrie wurde jedoch in der Schweiz erfunden.

Vater des Skitourismus war der Sohn eines britischen Hotelbesitzers in Mürren, einem autofreien Dorf in der Nähe des bekannteren Wengen. Arnold Lunn wollte den englischen Touristen im Winter mehr Unterhaltung bieten. Mithilfe des Schusters Friedrich von Allmen entwarf er 1910 einen Spezialschuh und eine passende Bindung, mit denen man fest auf den Skiern stand und die Hänge hinabschwingen konnte. Er nannte das Patent »Kandahar«, weil der britische Feldmarschall Earl Roberts of Kandahar im Skisport aktiv war und ihm erlaubte, den Namen zu benutzen. Mit der schneefreien afghanischen Stadt hat die altmodische Bindung also nur indirekt zu tun.

Doch selbst im Berner Oberland, in der Nähe des mächtigen Jungfraumassivs, lag kein Krümel Schnee. Gemeinsam mit anderen hoffnungsvollen Touristen bestieg ich den Bus von Interlaken in den auf 1155 Meter Höhe gelegenen Wintersportort Beatenberg – doch auch dort war es grün. Ein paar frustrierte Urlauber trugen Schlitten durch die Gegend, aber ich sah keine Möglichkeit, diese zu gebrauchen.

Irgendwo muss es doch Schnee geben, dachte ich, wahrscheinlich weiter oben. Schließlich waren die Straßen in Interlaken voller asiatischer Touristen in Skianzügen. Die Alpen sind nämlich eine der wenigen Regionen auf der Erde, wo Millionen Menschen direkten Kontakt zur Kryosphäre in Form von Schnee oder Gletschern bekommen. Viele reisen extra zu diesem Zweck dorthin. In anderen Teilen der Welt liegt die Kryosphäre meist weit von den Menschen entfernt und ist schwer zugänglich. Selbst viele Nepalesen haben noch nie Schnee angefasst, sie sehen ihn nur aus der Ferne, auf den Bergen. Hier jedoch befördern Bergbahnen aller Art die Besucher hoch hinaus, zum Beispiel die Jungfraubahn, die mit 3454 Metern Europas höchstgelegenen Bahnhof aufweist. Von dort hat man eine fantastische Aussicht, unter anderem über den Aletschgletscher, den größten Gletscher der Alpen.

Doch nicht nur Touristen kommen der Kryosphäre in den Alpen nahe. Die im gesamten Gebirgsmassiv praktizierte Almwirtschaft ist ein wichtiger Beitrag zum Landschaftsschutz und ein bedeutender Wirtschaftszweig. Nicht umsonst sind Schweizer Käse und Schweizer Schokolade weltberühmt. Auch Milchpulver wird in alle Welt verkauft, vor allem durch den Schweizer Konzern Nestlé. Die Grundlage dieses Erfolgs wird auf den Bergweiden geschaffen, die zu einem großen Teil durch Schmelzwasser von Schnee und Gletschern bewässert werden.

Doch wie in anderen Erdteilen ist auch in den Alpen die Kryosphäre in Bewegung. Die Gletscher sind auf dem Rückzug, was die Stabilität des Bodens gefährdet. Durch das Aufbrechen des Gletschereises kann Schmelzwasser gestaut werden, was wiederum zu Sturzfluten oder Lawinen führen kann. Auch die allgemeine Schneelage verändert sich. Der in Bern aufgewachsene Glaziologe Samuel Nussbaumer erzählte mir, dass er in seiner Kindheit jeden Winter in den Straßen von Bern im Schnee spielte. Damals lag die Schneegrenze ungefähr auf der Höhe der Hauptstadt, bei 500 Metern. Heute ist sie bis auf fast 1000 Meter angestiegen.[37] Deshalb war auch in Interlaken, das kaum höher als Bern liegt, kein Schnee zu sehen.

Doch es *gab* Schnee in den Alpen, sogar in Massen. Man

musste nur höher hinauf oder in andere Gebiete. Auf der Nordseite des Alpenhauptkamms war es in diesem Winter relativ trocken gewesen, weshalb sogar einige Skigebiete schneefrei geblieben waren. Auf der Südseite hingegen hatte es extrem viel geschneit. Weil das Wetter in den heutigen Wintern rasch zwischen Extremen wechselt, ist dies schwer vorherzusagen. Die vielen Lawinen wurden nicht allein durch die Niederschlagsmenge ausgelöst, sondern auch durch plötzlich einsetzende Wärmeperioden.

Schneelawinen ist man in den Alpen gewohnt. Neu ist jedoch, dass der Berg selbst, das heißt Boden und Fels, nicht mehr so stabil wie früher sind. Der Permafrost ist in Bewegung geraten, was Geröll- und Erdlawinen auslöst. Im August 2017 kamen acht Bergsteiger bei einem großen Felsabbruch am Graubündner Piz Cengalo (3369 Meter) ums Leben. Der Bergsturz löste eine riesige Mure aus, und rund vier Millionen Kubikmeter Steine und Erde begruben das talwärts gelegene Dorf Bondo unter sich. Die Bewohner konnten gerade noch rechtzeitig evakuiert werden.

Das Unglück war kein einmaliges Ereignis: Im selben Jahr brachen noch dreimal große Stücke aus der Nordwand des Cengalo. Eine Steinlawine war so heftig, dass die gemessene Bodenschwingung bei 3,0 auf der Richterskala lag. Zum Glück blieb es bei Sachschäden, denn seit dem letzten Felssturz in der Region im Jahr 2011 hatte man ein Frühwarnsystem eingerichtet, das eine größere Katastrophe verhinderte.

Die Ursache der immer häufigeren Felsstürze in den Alpen liegt darin, dass der Permafrost, die gefrorene Gesteins- oder Bodenschicht, durch die Klimaerwärmung zeitweilig auftaut. Durch den Wechsel zwischen aufgetautem und gefrorenem Zustand entstehen Risse, die sich mit

Schmelzwasser füllen. Gefriert das Wasser wieder, werden die Risse größer, und der Fels wird instabil.

In Deutschland betrifft dies unter anderem die Zugspitze, die einmal ein Dreitausender war. Vor etwa 3700 Jahren löste sich ein 300 bis 400 Millionen Kubikmeter großer Bergsturz vom Gipfel, der wahrscheinlich durch die Erwärmung während des holozänen Klimaoptimums ausgelöst worden war. Die Energiefreisetzung bei dieser Katastrophe entsprach der Sprengkraft einer Wasserstoffbombe. Heute wird der Permafrost an der Zugspitze mithilfe tiefer Bohrungen ständig überwacht, da man aufgrund der Erwärmung weitere Bergstürze befürchtet.[38]

Die Alpen erleben mit anderen Worten in vieler Hinsicht eine Destabilisierung. Obwohl insgesamt weniger Schnee liegt, weil die Schneefallgrenze steigt, fallen die Niederschläge heftiger aus, und rasche Temperaturwechsel erhöhen die Lawinengefahr. Die Gletscher schmelzen ab, und Eisabbrüche können Hochwasser oder Lawinen auslösen. Gleichzeitig taut der Permafrost auf, was das Risiko von Stein- und Erdlawinen erhöht.

Oft wirken diese Effekte zusammen und verstärken einander, erklärt der Geowissenschaftler Prof. Martin Hoelzle, den ich an der Universität Fribourg treffe. Dort untersucht und dokumentiert ein Team von Wissenschaftlern die Entwicklung der Gletscher und des Permafrosts in den Alpen. Ihre Arbeit ist von weit mehr als nur akademischem Interesse. Sowohl der Tourismus als auch die Landwirtschaft sind von der Überwachung der alpinen Kryosphäre abhängig.

Die Schweiz hat die meisten Gletscher aller Alpenländer und lässt sie seit 1880 regelmäßig vermessen. Zunächst begann man mit der jährlichen Messung der Gletscherlänge, dann kamen die Fließgeschwindigkeit hinzu (aktive Gletscher sind wie ein Fluss in Zeitlupe), die Temperatur, das Areal, Volumen und nicht zuletzt die Massenbilanz, die im vorigen Kapitel erklärt wurde.[39]

Während der Kleinen Eiszeit war die Bilanz positiv und die Gletscher wuchsen zum Teil so stark, dass sogar Bergdörfer verlassen werden mussten. Doch seit 1980 weist die Statistik nur noch abwärts. Die Gletscher sind geschrumpft, zum Teil sehr rasch. Dies liegt vor allem am Anstieg der Sommertemperaturen. Seit 1980 hat es nur einen Sommer mit Durchschnittstemperaturen *unter* »normal« gegeben, die meisten waren wärmer, mit einigen extremen Anstiegen wie 2003 und 2015. Die Niederschlagsmenge variiert stark zwischen der Nord- und der Südseite der Alpen. Auf der Südseite gibt es mehr Schnee, doch aufgrund des Temperaturanstiegs schrumpfen die Gletscher auf beiden Seiten.

Der größte Alpengletscher, der Aletschgletscher, ging 2013/14 um 31,9 Meter und 2014/15 um weitere 53,5 Meter zurück. Auch der Rhonegletscher in den Schweizer Zentralalpen, aus dem der wasserreichste Strom Frankreichs entspringt, wurde deutlich kürzer. Am weitesten zurückgegangen sind kleine Gletscher wie der Chelengletscher, der Schwarzgletscher oder die Reste des Unteren Grindelwaldgletschers.[40] Letzterer wird genauestens überwacht, da er oberhalb des bekannten Touristenortes Grindelwald liegt und sich seit 2005 ein Gletschersee bildet, was die Gefahr eines Gletscherhochwassers birgt.

Die Gletscherschmelze führt also Risiken und Probleme für viele Alpenbewohner und wichtige Wirtschaftszweige wie Tourismus und Landwirtschaft mit sich. Vielerorts wurden Infrastrukturanlagen wie Straßen und Bergbahnen in unmittelbarer Nähe der Gletscher oder sogar in die Gletscher hinein errichtet. Wurde dabei ausreichend bedacht, was geschehen kann, wenn die Gletscher abbrechen?

Die Fribourger Wissenschaftler untersuchen unter anderem die Gefahren durch Schmelzwasser oder instabile, weil auftauende, natürliche Dämme aus Permafrost-Boden, wie im oben genannten Beispiel. Brechen diese Dämme, kann leicht eine Sturzflut entstehen.

Gletscher sieht man mit dem bloßen Auge, sie sind leicht zu vermessen. Anders verhält es sich mit dem Permafrost, den es auch in den Alpen gibt, etwa in Form von Block- oder Steingletschern. Auf den ersten Blick sehen sie wie Geröllfelder aus, aber sie beinhalten große Mengen gefrorenes Wasser und bewegen sich wie normale Gletscher, nur etwas langsamer. Die Bedeutung des Permafrosts wurde lange verkannt, denn erst seit 1999 gibt es vergleichbare Messungen in der Schweiz. Das Gesamtbild der Entwicklung ist also unsicherer als bei den Gletschern, aber auch hier deutet alles darauf hin, dass der Permafrost in den Alpen zurückgeht.[41] Hauptgrund ist der Anstieg der Lufttemperatur, doch die extremen Wechsel in Temperatur und Niederschlagsmenge setzen dem Permafrost noch stärker zu als den Gletschern. Dringt Schmelzwasser in Spalten und Zwischenräume ein und gefriert, wird durch das größere Volumen gefrorenen Wassers das Gestein gespalten, was Fels und Erde in Bewegung bringt.

Die schwindende und immer instabilere Kryosphäre ist also ein großer Unsicherheitsfaktor für die Menschen in den Alpen, doch die Auswirkungen gehen viel weiter. Etliche Regionen sind von Flüssen wie der Rhone abhängig, die ihren Ursprung in Gletscherregionen haben. Wird ihr Wasserstand sinken? Dies ist in einigen Schweizer Regionen bereits der Fall, vor allem im Kanton Wallis, belehrt mich Hoelzle. Vorläufig scheint die Wasserversorgung noch nicht in Gefahr zu sein. Hingegen haben sich Hochwasserkatastrophen gemehrt.

Die Naturkatastrophen der letzten Jahre im Alpenraum – Lawinen, Felsstürze, Muren – haben gezeigt, wie wichtig die Kryosphäre ist. Sie hat das Leben in den Bergen begünstigt, doch wenn die Klimaerwärmung nicht gestoppt wird, kann sie auch zum gefährlichen Nachbarn werden.

Die Flussgöttin und ihre Schwestern

Mutter Ganga, ohne dich sind wir nichts

Indisches Volkslied

In meinem Alltag an der norwegischen Westküste kümmerte mich die Kryosphäre relativ wenig. Erst als ich mich längere Zeit in Südasien aufhielt, weit entfernt von der Arktis und bei Temperaturen bis zu vierzig Grad, »entdeckte« ich paradoxerweise das Reich des Frosts wieder. Nicht direkt, denn in der Gangesebene, die einen großen Teil von Nordindien und Bangladesch einnimmt, gibt es weder Schnee noch Eis. Die wenigsten Menschen, die dort leben, haben je Schnee gesehen. Selbst in Nepal kennen viele den Schnee nur von fern – sie sehen ihn auf den Gipfeln des Himalaya, wo nur Bergsteiger hinkommen.

Doch gerade als es in der Gangesebene am heißesten und trockensten war, erkannte ich die Bedeutung der Kryosphäre. In den heißen Trockenmonaten vor dem Monsun (der in der Regel im Juni vom Indischen Ozean heranzieht) hängen die Menschen in dieser Region komplett von dem Wasser ab, das die Flüsse dank der Gletscher und des Schnees im Himalaya noch führen. Würden sie nur vom Regen gespeist, wäre ein Überleben unmöglich. Die Pflanzen würden auf den trockenen Feldern verdorren, die Brunnen wären leer, Mensch und Tier würden verdursten. In der alljährlichen Trockenzeit leben die Menschen unter Extrembedingungen. Kinder und Frauen müssen oft stundenlang laufen, um ein wenig Wasser für den Haushalt zu holen. Kaum jemand kann es sich leisten, Brunnen zu graben, die tief genug sind. Außerdem ist das Grundwasser vielerorts durch Arsen verunreinigt.

Obwohl das Wasser so wichtig ist, ist vielen Menschen nicht bewusst, woher es kommt. Sie glauben, es fiele als Regen vom Himmel, bleibe in den Haaren der Flussgöttin Ganga hängen (also in den Bäumen) und fließe dann weiter in den Golf von Bengalen. Für einige Monate im Jahr stimmt dies auch. Der Monsun führt viel Regen mit sich. Der Ort Cherrapunji im indischen Bundesstaat Meghalaya (nördlich von Bangladesch) gilt als einer der regenreichsten der Erde. Trotzdem ist es in den trockenen Frühlingsmonaten hauptsächlich das Schmelzwasser, das die Flüsse nicht austrocknen lässt. Das Regenwasser fließt schnell in den Golf von Bengalen ab und nimmt auf seinem Weg massenweise Erde – und Häuser – mit. Trotzdem ist das Wort »Schmelzwasser« in der Gangesebene kaum bekannt. Wenn die Menschen hörten, woher ich kam, fragten sie oft, wie sich Schnee anfühle und ob man ihn essen könne. Sie wussten nicht, dass auch sie von ihm abhängig waren.

Mein erster Aufenthalt in Südasien war im Nordwesten Bangladeschs. Ich begleitete einen Freund auf einer Forschungsreise zur Eheschließung bei einem indigenen Volk. Es waren gastfreundliche Menschen mit einer egalitären Kultur, die ursprünglich im Dschungel gelebt hatten und nun ihren Lebensunterhalt als Bauern und Landarbeiter verdienten. Obwohl es kaum noch Wald gab, hatten sie einige Jagdtraditionen bewahrt. Sie benutzten noch Pfeil und Bogen, heute jedoch hauptsächlich, um Eindringlinge abzuschrecken. Der Stamm lebte in einer Art Waffenstillstand mit der muslimischen Mehrheit, die sie als Heiden und Barbaren betrachtete, unter anderem weil sie Schweine hielten und ein teuflisch starkes Reisbier brauten.

Sowohl die Urbevölkerung als auch die Muslime und die wenigen Hindus, die nach der Teilung Indiens in Bangladesch (damals »Ostpakistan«) geblieben waren, lebten von der Landwirtschaft: Weizen im Winter, Reis in der Regenzeit, daneben etwas Gemüse und eine bescheidene Tierhaltung für alle, die es sich leisten konnten. Für die meisten jedoch hieß das: Reis, Reis und nochmals Reis. Wenn ein Schwein für ein Fest geschlachtet wurde, verwertete man absolut alles, wie bei den samischen Rentierzüchtern. Die Innereien sowie die Füße und Ohren wurden unter den Dorfbewohnern verteilt. Die Ohren wurden langsam gebraten, um das Fett auszulassen. Abfall gab es keinen, selbst leere Flaschen und Konservendosen wurden zu allen möglichen Zwecken wiederverwendet. In der Regel verbindet man mit Bangladesch Überbevölkerung, Armut und Hunger. Die Fernsehbilder der Siebzigerjahre vom Unabhängigkeitskrieg gegen Pakistan und von dem verheerenden Zyklon im November 1970 haben sich eingeprägt, und das von George Harrison ins Leben gerufene *Concert for Bangladesh* machte das Land zu einem Inbegriff der Armut. Im Grunde ist Bangladesch ein fruchtbares Land, es leben nur zu viele Menschen dort, nämlich über 160 Millionen auf einer Fläche von knapp 150 000 Quadratkilometern[42]. Sie profitieren von dem Monsun, der jedes Jahr im Frühsommer übers Land fegt, auch wenn der Regen oft heftig ausfällt. Ein Großteil des Landes besteht aus dem Delta dreier riesiger Ströme: Ganges, Brahmaputra und Meghna. Letzterer kommt nicht aus dem Himalaya, sondern aus Indien. Man sollte also denken, dass es genügend Wasser gibt, was meistens auch der Fall ist. Oft sogar zu viel. Jedes Jahr bereiten Hochwasser große Probleme. Sie zerstören Straßen, reißen Häuser mit und fordern Todesopfer. Trotzdem herrscht in vielen Landesteilen Trockenheit, bevor der Monsun einsetzt – sofern er nicht ganz ausbleibt, wie es in den letzten Jahren manchmal geschah. Nach der Regenzeit sinkt der Wasserstand der Flüsse rasch wieder ab. Die lockere Erde des Deltas speichert wenig Wasser und wird bei Hochwasser schnell mitgerissen, was größere Infrastrukturprojekte erschwert. Das Flussbett befindet sich in stetem Wandel, weshalb immer wieder Fähren auf Sandbänken auflaufen und der Bau von Deichen und Brücken eine riskante und äußerst schwierige Aufgabe ist. Wo heute noch ein Weg ist, kann morgen Wasser fließen, mit dem Auto ist kaum ein Vorankommen.

Das Problem wird dadurch verstärkt, dass die drei großen Ströme durch Indien fließen, bevor sie Bangladesch erreichen. Indien leidet selbst unter Wassermangel und bedient sich deshalb reichlich. Zwar gibt es ein Abkommen über die Nutzung des Ganges, doch sitzen die Inder im wahrsten Sinne des Wortes an der Quelle.[43]

Die Bedeutung des Wassers spiegelt sich auch in der Religion: Im Hinduismus ist Ganga eine der wichtigsten Gottheiten. Die Menschen beten die Personifizierung des Flusses an, weil sie von ihm abhängig sind. Für viele dreht sich das ganze Leben bis zum Tod um den heiligen Strom. Die Asche der Verstorbenen und manchmal auch unverbrannte Überreste werden ihm übergeben. In heiligen Städten wie Varanasi nehmen Hindus ein rituelles, »reinigendes« Bad, wobei es durchaus passieren kann, dass Leichenteile an ihnen vorbeitreiben.

Das Thema faszinierte mich so, dass ich eine Fernsehserie über den Ganges drehte[44], in der ich zeigte, wie der Strom und seine Nebenflüsse vom Himalaya bis zum Golf von

Bengalen das Leben von Millionen Menschen prägen. Das Projekt stellte sich als sehr zeitaufwendig heraus, da das Reisen in diesen Regionen nicht immer einfach ist. Meistens war ich mit dem Jeep unterwegs, manchmal auch per Boot, und in den Bergen vor allem zu Fuß, mit tatkräftiger Unterstützung fleißiger Träger. Auf diese Weise bekam ich einen ersten Eindruck vom mühsamen Alltag der Ärmsten. Die Erfahrung hat auch mich geprägt – nicht nur, weil ich etliche Kilo abnahm. Nachdem ich gesehen hatte, wie Millionen Menschen täglich ums Überleben kämpfen, kamen mir die Seifenopern im reichsten Land der Welt ziemlich trivial vor.

Eine Szene hat sich besonders in mein Gedächtnis eingebrannt: In Bihar, dem ärmsten Bundesstaat Indiens, stapfte eine magere Frau in zerrissenen Kleidern durch ein ausgetrocknetes Flussbett und suchte nach grünen Grashalmen. Die wenigen, die sie fand, schnitt sie mit einer rostigen Schere ab und fütterte damit eine abgemagerte Ziege – wahrscheinlich ihr ganzes Hab und Gut. Neben ihr saß ein kleines Mädchen, wohl ihre Tochter. Gut möglich, dass die Milch der Ziege ihre einzige Nahrung an diesem Tag war.

Was ich damals nicht in die Fernsehserie aufnahm, war, wie abhängig Lebensadern wie der Ganges vom Schmelzwasser aus den fernen Hochgebirgen sind. Dabei betrifft diese Abhängigkeit allein in Nordindien und Bangladesch 300 bis 400 Millionen Menschen. Und auch einen Großteil der 200 Millionen Einwohner Pakistans, deren Lebensader der Indus ist. Auch die größten Flüsse Chinas entspringen im Hochland von Tibet. Der Schnee und die Gletscher im Himalaya, im Karakorum und in Tibet fungieren quasi als »Wasserturm« für ungefähr ein Fünftel der Erdbevölkerung. Egal, ob die Flüsse in China, Pakistan, im Golf von Bengalen oder sogar in Südostasien (Mekong und Saluen) münden, sie haben den gleichen Ursprung.

Obwohl die Kryosphäre den Bewohnern des Gangesdeltas fremd ist, haben sie doch eine Vorstellung davon, nämlich in ihren Mythen. Sie sehen den Ursprung des lebensspendenden Elements ebenfalls in den schneebedeckten, für sie heiligen Bergen. Folgt man den Flüssen, insbesondere dem Ganges, zu ihren Quellen, gelangt man zur Wohnstatt der Götter.

Der Mittelpunkt der Welt

»No, tigers are not available here, Sir«, sagt der Fahrer in der gestelzten Ausdrucksweise des indischen Englisch. Nein, Tiger gibt es gewiss nicht in den Wäldern, durch die wir auf dem Weg in den indischen Teil des Himalaya fahren. Unser Ziel ist der Ursprung des heiligen Ganges. Von unserem Stützpunkt in Neu-Delhi aus, dem etwas schäbigen York Hotel, haben mein Fotograf und ich ein Auto mit Chauffeur gemietet. Hin und wieder unterbrechen wir unsere Fahrt durch das Gangestal zu den flussaufwärts liegenden heiligen Städten. Zuerst in Haridwar, wo die Strömung so stark ist, dass die Pilger sich an einem Seil festhalten müssen, wenn sie in die eiskalten Fluten steigen, um Körper und Seele zu reinigen. Dann in Rishikesh, wo die Beatles einmal im Ashram des Maharishi Mahesh Yogi in die Lehre gingen. (Laut Paul McCartney war der einzige Song, der dort entstand ›Ob-La-Di Ob-La-Da‹.) Wie wir bald herausfinden, sind Fernsehleute im Ashram unerwünscht. Er ist zu berühmt, und zu viele Verrückte begehren dort Einlass. Die ganze Stadt gleicht einem religiösen Bazar, auf dem es mehr hinduistische Souvenirs als kontemplative Askese gibt. Jedoch scheint beides nicht unvereinbar zu sein.

Haridwar und Rishikesh sind so heilig, dass man dort weder Alkohol noch Fleisch kaufen kann. Doch auf dem Weg zwischen den beiden Pilgerstädten gibt es eine Freizone, in der etliche Betrunkene im Straßengraben liegen. Das heilige Leben ist offenbar nichts für jedermann.

Die wahren Pilger ziehen noch weiter flussaufwärts. Ihr Ziel ist die Quelle des Ganges, nach hinduistischer Tradition der Gangotrigletscher im Himalaya. Doch der Ganges hat mehrere Quellflüsse. In Mustang (Nepal) besuchte ich einmal eine weitere seiner Quellen. Sie war nicht mehr als ein Wasserhahn, aus dem ein paar Tropfen rannen. Vielleicht war ich zur falschen Jahreszeit dort, wer weiß. Zu welcher Quelle man auch pilgert, hinter den Wallfahrten steht eine ökologische Wahrheit: Das gesamte Flusssystem des Ganges ist für die Bevölkerung lebenswichtig und soll deshalb mit Respekt behandelt werden. Und alle Quellflüsse haben ihren Ursprung im Eis.

Wir kamen nicht ganz bis Gangotri. Zum einen gab es damals noch keine Straße dorthin, zum andern ist dieser Gletscher nur eine von vielen Quellen. Wir reisten deshalb an den Ort, wo der Ganges als solcher beginnt, nämlich nach Devprayag, wo die Flüsse Bhagirathi und Alaknanda zusammenfließen. Erst ab dort heißt der Strom Ganges – und natürlich ist auch dies ein Wallfahrtsort. Bei unserer Ankunft waren nicht viele Pilger vor Ort, nur ein paar besonders abgehärtete Sadhus stiegen in die eiskalten Fluten. *Prayag* bezeichnet einen Zusammenfluss, und solche Orte sind oft heilig, zum Beispiel Allahabad, wo die Yamuna in den Ganges fließt. Dort findet alle zwölf Jahre das größte religiöse Fest der Welt statt, die Kumbh Mela. Doch auch Devprayag ist Besucher gewohnt. Ein Stück flussaufwärts sahen wir eine große Toilettenanlage mit dem abschreckenden Namen »Complex toilet« – hoffentlich nur eine Wortverdrehung.

Während die hinduistische Tradition die Bhagirathi als Ursprung des Ganges betrachtet, behaupten die Hydrologen das Gegenteil. Für sie ist die Alaknanda weitaus wichtiger. Erstens ist sie länger, zweitens führt sie mehr Wasser. Auch sie entspringt dem Eis, nämlich dem Satopanth- und dem Bhagirath Kharak-Gletscher im Bundesstaat Uttarakhand. Während ein Staudammprojekt an der heiligen Bhagirathi zu großem Widerstand führte, gibt es an der Alaknanda mehrere Talsperren und Wasserkraftwerke.

2015 steigerte das indische Ministerium für Wasserreserven die Verwirrung um die Quelle des Ganges noch weiter. Es ließ untersuchen, ob sie vielleicht am heiligen Berg Kailash im Westen Tibets liege. Die Hydrologen sollen die Herkunft des Wassers mithilfe von Tracerversuchen analysieren. Ob dies gelingt, ist fraglich, doch wenn dem so wäre, gingen Hydrologie und Religion Hand in Hand, und die Geschichte der Flüsse vom Dach der Welt wäre komplett. Rund um den Kailash und den nahen See Manasarovar – einer der höchstgelegenen Süßwasserseen der Welt – entspringen nämlich die größten Flüsse Südasiens.

Nach Osten fließt der Brahmaputra, der wasserreichste Strom des Kontinents. Er nimmt seinen Lauf zunächst nördlich des Himalaya und dreht dann nach Südwesten in Richtung Nordindien ab, ehe er sich in Bangladesch mit dem Ganges vereint und im größten Mündungsdelta der Welt endet. Nach Westen fließt der Satluj, zunächst durch Indien und dann durch Pakistan, wo er sich mit dem Indus vereint. Nach Norden fließt der Indus, der später nach Südwesten abdreht und die Lebensader Pakistans bildet. Das Industal ist die Wiege einer der ältesten Zivilisationen der Welt. Nach Süden schließlich fließt der Karnali direkt durch den Himalaya über Nepal in die Gangesebene hinab. Ein Großteil des Gangeswassers stammt demnach ohnehin vom Kailash, egal zu welchem Ergebnis die Hydrologen kommen. Auf Tibetisch heißt der Berg *Gang Rinpoche,* »kostbares Schneejuwel«.

Sowohl in der hinduistischen als auch in der buddhistischen Mythologie sind die schneebedeckten Berge auf dem Dach der Welt heilig. Im Hinduismus ist der Himalaya (auch Himavat) eine Gottheit. Er ist der Schwiegervater der Hauptgottheit Shiva und wohnt mit seiner Frau Mena in einem goldenen Palast auf dem Gipfel eines Berges. Sein Name ist zusammengesetzt aus *hima* und *alaya,* was im Sanskrit »Schneewohnung« bedeutet. Sie ist gewissermaßen ein Speicher aus gefrorenem Wasser, das heilige Flüsse wie den Ganges und den Indus speist.

Der Buddhismus, der im Prinzip (aber nicht in der volkstümlichen Praxis) ohne Götter auskommt, konzentriert sich mehr auf den heiligen Berg Sumeru, den die Hindus Meru nennen und der als Zentrum des Universums gilt. In der wirklichen Welt manifestiert er sich als Kailash. Wer ihn umrundet, pilgert um die Achse des buddhistischen Lebensrads.

Außer dem Kailash gibt es noch weitere Wallfahrtsorte, die mit kosmogenen Mythen verknüpft werden. Im indischen Teil des Himalaya – also näher an den Hindus als der ferne Kailash – hat der Berg Nanda Devi (»Die Göttin Nanda«) eine ähnliche Funktion. Viele Pilger begeben sich auch zur oben genannten mythischen Quelle des Ganges, dem Gletschertor Gaumukh (»Kuhmaul«) am Ende des Gangotigletschers oder zu den Tempeln von Shiva und Vishnu in Kedarnath und Badrinath, die beide am Südrand des Himalaya liegen.

In Nepal übernimmt die Annapurna, Wohnort der Göttin Parvati (»Bergestochter«, die Tochter Himavats), dieselbe Funktion. Annapurna bedeutet »die Nahrung spendende

Göttin«, denn dort entspringt die Kali Gandaki (»Schwarze Gandaki«), ein wichtiger Nebenfluss des Ganges, dessen heilige Quelle ebenfalls in Nepal liegt.

Im Gegensatz zur nordischen Mythologie um Niflheim gehören die hinduistischen und buddhistischen Mythen noch zur gelebten Religion. Die Menschen verehren die Göttinnen und Götter der Berge, sie pilgern zu den heiligen Bergen und Quellen. Im Kailash, jenem abgelegenen Berg in Tibet, der seine gesamte Umgebung überragt, vereinen sich Mythologien aus vier Religionen. Hindus, Buddhisten, Jainas (eine wie die Buddhisten aus dem Brahmanismus hervorgegangene Religionsgemeinschaft) und Anhänger der ursprünglichen tibetischen Religion Bön wandern zum Kailash, um ihn zu umrunden. Letztere unterscheiden sich dadurch, dass sie dies gegen den Uhrzeigersinn tun, doch der Berg ist allen gleich heilig.

Im Grunde glaube ich nicht, dass religiöse Traditionen ewige Wahrheiten ausdrücken, aber in diesem Fall muss ich den Pilgern recht geben: Sie suchen tatsächlich die Quellen des Lebens auf. Die großen Flüsse, die im tibetischen Hochland entspringen, sind für hunderte Millionen Menschen in Südasien das Alpha und Omega. Die Gangesebene erstreckt sich von Bangladesch quer durch ganz Nordindien. Dort leben die Ärmsten der Armen im wahrsten Sinne des Wortes von der Gnade der Flussgöttin.

Das Wasser dieser Flüsse stammt nicht von den Bergen selbst, sondern von den Gletschern, die sie umgeben. Das Gebiet ist extrem niederschlagsarm, die Flüsse werden von altem Wasser gespeist, das sich in Tausenden von Jahren angesammelt hat. Nur zur Monsunzeit bringt der Westwind etwas Nachschub.

Nun sind auch diese Wasserspeicher in Gefahr. In den Neunzigerjahren, als ich die besagte Fernsehserie drehte, war dies noch kein Thema. Erst kurz danach kam die Warnung, dass die Gletscher auf dem Dach der Welt ebenfalls zurückgehen. Doch sie waren zum Teil widersprüchlich, und niemand wollte die möglichen Folgen wahrhaben. Wenn Millionen Menschen den größten Teil des Jahres unter Wassermangel leiden, wo sollen sie dann hingehen? Die derzeitige Flüchtlingskrise in Europa wäre dagegen eine Bagatelle.

Damals konnte man über die Zukunft nur spekulieren, es gab weder handfeste Messwerte noch stand der Klimawandel im Brennpunkt der Öffentlichkeit. Dies änderte sich erst, als man ernsthaft untersuchte, was in den Kerngebieten der Kryosphäre an den Polen der Erde geschah. Als Wissenschaftsjournalist konnte ich diese Entwicklung verfolgen, unter anderem dank guter Kontakte zu namhaften Klimaforschern im norwegischen Bergen. Besonders im Hinblick auf die Arktis war die Meereskunde der Ausgangspunkt dieser Forschung.

Nach Niflheim

Unsäglich langsam nur vermochte das menschliche Auge die Nebel des Eismeeres zu durchdringen; hinter der Nebelwand lag das Land der Mythe: dort in Niflheim, dem dunkeln nordischen Sagenreich, tummelten sich die Rimtursen in ihren wilden Kampfspielen. Weshalb zogen wir stets wieder dorthin? Dort im Norden, in Dunkelheit und Kälte, lag Helheim, die Behausung des Todes, wo die Todesgöttin herrschte; dort lag Naastrand, der Leichenstrand. Dorthin, wo kein lebendes Wesen atmen konnte, – dorthin zog es Schar auf Schar – warum?

Fridtjof Nansen, ›In Nacht und Eis‹[45]

Im Juni 1893 brach ein kleines Schiff zu einer Expedition auf, die die meisten Menschen für komplett verrückt hielten. Man wollte ein Seegebiet erforschen, das niemand je befahren hatte. Doch damit nicht genug, denn die Mannschaft plante, das Schiff vor der Küste Sibiriens einfrieren zu lassen, und hoffte darauf, dass das Schiff durch die Meeresströmungen mitsamt dem Eis über das Polarmeer und den Nordpol nach Grönland verschoben würde. Der einzige Anhaltspunkt dafür, dass so etwas möglich sein könnte, waren ein paar an der grönländischen Küste angespülte Baumstämme, die angeblich aus Sibirien stammten. Ausländische Experten hielten das Vorhaben für fachlich nicht haltbar und höchst riskant, aber das norwegische

Parlament und der König gaben Geld für das gewagte Unterfangen, was heute sicher nicht mehr möglich wäre. Dass der Staat die Expedition offiziell unterstützte, zeigt, welchen Status Fridtjof Nansen zu jener Zeit hatte.

Es war nicht die erste riskante Expedition, die Nansen leitete. Wenige Jahre zuvor hatte er Grönland auf Skiern durchquert. Fünf weitere Personen hatten ihn begleitet, darunter zwei Samen, die laut Nansen besonders gut mit den arktischen Bedingungen zurechtkamen. Sie hatten am 17. Juli 1888 mit dem Schiff Jason, einem ehemaligen Robbenfänger, die Ostküste Grönlands erreicht und waren in zwei kleinen Ruderbooten ausgeschifft worden. Schon auf der kurzen Strecke bis zur Küste wäre es fast zur Katastrophe gekommen. Das Treibeis drohte sie mehrmals zu versenken, und sie trieben weit nach Süden ab, ehe sie an Land kamen. Erst nach einem Monat (!) war die Expeditionsgruppe so weit, dass sie die Skitour beginnen konnte. Der erste Teil der Expedition muss unglaublich anstrengend gewesen sein, immerhin mussten sie die schwere Ausrüstung zunächst über etliche Steigungen auf gut 2000 Meter Höhe schleppen. Jeder Mann zog einen mit rund hundert Kilogramm Material beladenen Schlitten. Auf dem Eisplateau wurde es etwas leichter, dafür wurde ihnen dort die wahre Dimension dieser Einöde bewusst. Nansen schrieb: *Man stelle sich sechs winzige kleine Mücken vor, die über ein riesiges, weißes Bettlaken marschieren. Wohin man auch den Blick wendete, überall war nur Schnee, nichts als Schnee.*[46] Als sie endlich die Westküste Grönlands erreichten, war das letzte Schiff nach Europa bereits abgefahren, sodass sie dort überwintern mussten.

Die Durchquerung Grönlands verschaffte Nansen das Ansehen und die Unterstützung, die er für seine weitaus riskantere, aber wesentlich bedeutendere Expedition über das Polarmeer brauchte. Er war ja von Haus aus Wissenschaftler und hat tatsächlich einige wichtige neurologische Forschungsergebnisse geliefert, bevor er sich ganz der Erforschung der Arktis widmete. Ziel der Expedition über das Polarmeer war es, herauszufinden, wie die Meeresströmungen und das Eis sich dort oben verhielten. Nansen hat mit diesem Vorhaben Grundlagen für die moderne Polarforschung geschaffen, besonders für die Erforschung der Polarmeere, weshalb mehrere Forschungszentren nach ihm benannt wurden. Nichtsdestotrotz war er auch ein Abenteurer. Seine Fram-Expedition in die Arktis war eine Reise ins absolut Unbekannte, wo reichlich Gefahren und Überraschungen auf ihn warteten.

Mit seinen Expeditionen hat Nansen den Grundstein für die Erforschung der beiden großen Elemente der Kryosphäre gelegt. Die Grönland-Expedition führte über den größten arktischen Gletscher, das grönländische Inlandeis. Man muss diesen Gletscher nicht auf Skiern oder Schneeschuhen überqueren, um zu erkennen, wie groß er ist. Darüber zu fliegen gibt bereits einen beeindruckenden Einblick. Die riesige Eisfläche hat ihren Ursprung in einem Schneekristall von vor vielen Millionen Jahren, und sie hat mehrere Eiszeiten und warme Zwischeneiszeiten überlebt. An vielen Stellen ist das Eis auch heute noch über 3000 Meter dick. Dank seines Alters ist dieses Eis ein unschätzbar wertvolles Archiv der Klimageschichte, das vor allem dänische Wissenschaftler anhand von Eiskernbohrungen, die mehrere tausend Meter in die Tiefe gingen, erforscht haben.

Auf Grönland lagert so viel Eis, dass ein komplettes Abschmelzen den Meeresspiegel um 7,1 Meter steigen lassen würde. Noch größer ist nur noch die Eismasse auf der Antarktis. Das Grönlandeis wurde bis vor Kurzem als recht stabil angesehen. Man ging lange davon aus, dass die globale Erwärmung mehrere Tausend Jahre brauchen würde, um ein Abschmelzen zu bewirken. Die Entwicklung der letzten Jahre zeigt aber, dass dies viel schneller vor sich gehen kann, als früher angenommen.

Mit der Fram führte die Expedition über das Meereis, eine wesentlich flüchtigere Erscheinung. Dieses Eis bildet sich, wenn das Meerwasser gefriert, und nimmt im Takt der Jahreszeiten in der Dicke zu oder ab. Ein Teil dieses Eises, rund ein Drittel, überdauert den Sommer und kann so mehrere Jahre alt werden. Die gesamte Eismenge weltweit in Sommer und Winter hat in den letzten Jahren abgenommen. Dies ist eines der sichtbarsten Anzeichen der globalen Erwärmung. Trotzdem kann es kaum herangezogen werden, um eine Prognose über die weitere Klimaentwicklung abzugeben. Schmelzendes Meereis stößt jedoch andere, noch ungeklärte Prozesse an: ein Abnehmen des Albedo-Effekts und Veränderungen der Meeresströmungen. Manche Wissenschaftler sind der Meinung, dass der Schlüssel für das zukünftige Klima hier im arktischen Meereis liegt. Solche Fragen stellte man sich zu Nansens Zeit allerdings noch nicht.

Nansen selbst hatte dem bekannten Schiffsbauer Colin Archer die Anweisungen für den Bau der Fram gegeben. Das Schiff musste so konstruiert werden, dass es dem Druck des Packeises standhielt, auch wenn es einfror. Das Meereis ist in ständiger Bewegung und würde deshalb alle normalen Schiffe zu Kleinholz zermalmen oder unters Eis drücken. Allein das Geräusch, das durch diesen Druck entsteht, ist furchteinflößend, wie Nansen es selbst beschrieben hat:

Auf allen Seiten hört man Heulen und Donnern, man fühlt das Eis erzittern und hört es unter den Füßen brüllen; nirgends ist Friede. In dem Halbdunkel sieht man es zu immer näher und näher kommenden hohen Ketten sich auftürmen und aufwerfen;

Schollen von 3, 4 und 5 Metern Dicke bersten und werden übereinander geworfen, als ob sie federleicht wären. Sie sind jetzt ganz nahe, und man eilt fort, um das Leben zu retten; aber plötzlich spaltet sich das Eis vor uns, ein schwarzer Abgrund öffnet sich, aus dem das Wasser emporströmt. Man wendet sich nach einer andern Richtung, allein durch die Dunkelheit kann man eben noch sehen, dass ein neuer Wall von Eisblöcken sich heranbewegt.

Man versucht eine andere Richtung, aber dort ist es ebenso. Rundherum Donner und Brüllen wie von einem ungeheuern Wasserfall, mit Explosionen wie Geschützsalven. Immer näher kommt es heran. Die Scholle, auf der man steht, wird kleiner und kleiner, Wasser strömt darüber hinweg. Es gibt kein Entkommen, als indem man über die rollenden Eisblöcke klettert, um auf die andere Seite des Packeises zu gelangen. Aber der Aufruhr legt sich, das Getöse verhallt und verliert sich allmählich in der Ferne.

Dies ereignet sich hier weit oben im Norden Monat für Monat, Jahr für Jahr.[47]

Die Fram hingegen widerstand den Kräften des Eises so gut, dass sie später noch für weitere Eismeerexpeditionen genutzt wurde, unter anderem von Roald Amundsen auf seiner Reise zum Südpol. Viel bedrohlicher waren für Nansen die wiederholten Begegnungen mit dem gefährlichsten Raubtier der Erde, dem Eisbär. Als Nansen und sein Begleiter Hjalmar Johansen die Fram verlassen und sich zu Fuß in Richtung Nordpol aufgemacht hatten – ein Versuch, den sie später aufgeben mussten –, wurde Johansen einmal von einem Eisbären überrascht. Er beschrieb die Episode wie folgt:

Mit seiner gewaltigen Vordertatze gab er mir eine solche Ohrfeige auf die rechte Backe, dass mir der Kopf brummte. Zum Glück verlor ich davon nicht die Besinnung; ich fiel nur auf den Rücken und lag nun zwischen den Beinen des Bären. ›Schnell die Büchse!‹, rief ich Nansen hinter mir zu; ich sah den Kolben meines geladenen Gewehres auf dem Kajak neben mir und es juckte mir in den Fingern, danach zu greifen. Ich sah den Bären seinen Rachen dicht über meinem Haupte öffnen und sah die fürchterlichen Zähne glänzen; ich hatte ihn beim Fallen an der Gurgel gepackt und hielt sie nun mit der Kraft der Verzweiflung fest. Der Bär wurde darüber ein wenig stutzig; dies war ja kein Seehund, sondern ein fremdes Tier, das er nicht kannte, und dieser Verwunderungspause verdanke ich gewiss mein Leben.

Ich wartete auf Nansens Schuss und merkte, dass der Bär dorthin blickte, wo Nansen stand; es schien mir im Liegen, als dauere es sehr lange, und ich rief daher Nansen zu: ›Schießen Sie, schnell, wenn es nicht zu spät sein soll!‹[48]

Dass Johansen selbst in dieser kritischen Situation die Form gewahrt und Nansen gesiezt hatte, bestätigte Nansen in seiner Version der Geschichte. Er behauptete, dass er so lange gebraucht habe, da sein Gewehr im Kajak gelegen und er es nicht gewagt habe, von dort zu schießen, aus Angst, Johansen zu treffen.

Es verwundert kaum, dass der Eisbär Lust auf ein wenig Menschenfleisch hatte. Seine wichtigste Nahrungsquelle sind Robben, die immer wieder zwischen den Eisschollen auftauchen, um Luft zu holen. Robben leben ihrerseits von Fischen und Krebstieren, die es im nördlichen Eismeer reichlich gibt. Besonders häufig sind sie am Eisrand, wo das Packeis ans offene Meer grenzt. Dieser Bereich ist sehr nährstoffreich und die Heimat der großen Dorschschwärme, die zwischen der Barentssee und den Lofoten hin und her wandern. Es ist ein höchst sensibler Meeresbereich, insbesondere was die Öl- und Mineralgewinnung angeht. Das Thema wird deshalb viel diskutiert, und allein die Definition des Wortes »Eisgrenze« ist ein Politikum.

Nachdem Nansen und Johansen aufgegeben hatten, den Nordpol zu erreichen (sie kamen bis 86 Grad, 4 Minuten nördlicher Breite), bahnten sie sich einen Weg nach *Franz-Josef-Land*, wo sie überwinterten. Im darauffolgenden Sommer hatten sie das Glück, auf eine britische Expedition zu stoßen, mit deren Schiff sie nach Vardø kamen. Zu diesem Zeitpunkt hatten sie drei Jahre im Eismeer verbracht, mit drei Überwinterungen. Die restlichen Expeditionsteilnehmer, die auf der Fram geblieben waren, kamen erst eine Woche, nachdem Nansen und Johansen in Vardø angekommen waren, in Skjervøy an. Seitdem war Nansen nicht nur Nationalheld, sondern ein internationaler Superstar. Besonders die Expedition über das Grönlandeis machen ihm viele Abenteurer nach, wenn auch unter deutlich einfacheren Voraussetzungen. Mittlerweile kann man diese Tour sogar als Abenteuerurlaub mit Guide buchen und muss nicht einmal sein Gepäck selbst tragen – vorausgesetzt, man kann es sich leisten.

Nansen war der Erste, der diese Route beschritten hat, und sein wichtigstes Erbe ist, dass er damit die Erforschung der Arktis und der wichtigsten Elemente der Kryosphäre angestoßen hat: das Grönlandeis und das Meereis, das den Nordpol umgibt. Die beiden Eismassen hängen zusammen und bilden gemeinsam die weiße Polkappe im Norden, wie man sie auf dem berühmten Foto unseres Planeten aus dem Weltraum erkennen kann.

Der weiße Kontinent

Wer diesen Kontinent betritt, darf keinerlei Hilfe von der Natur erwarten. Im Inneren der größten Eiswüste der Welt gibt es absolut nichts, wovon man leben könnte. Kleidung, Essen, Wärme, alles musst du mitnehmen. Verlierst du etwas, musst du ohne es auskommen. Wer das nicht schafft, hört den Tod um die Zeltwände pfeifen.

Monica Kristensen[49]

Die Fram erreichte nie den Nordpol. Trotzdem war Nansens Expedition ein Meilenstein, weil sie unser Wissen über die Arktis voranbrachte. 15 Jahre später erlebte das Forschungsschiff einen weiteren Triumph bei einer noch berühmteren Expedition, nämlich dem Wettlauf zum Südpol zwischen dem Norweger Roald Amundsen und dem Briten Robert Falcon Scott.

Dieser Wettlauf ist noch heute geheimnisumwittert. Es war ein hochriskanter Vorstoß in das lebensfeindlichste Gebiet der Erde, die Eiswüste der Antarktis. Das Innere des Kontinents war noch nicht kartiert, keiner wusste genau, was ihn erwartete. Damals gab es weder GPS noch Satellitentelefone, und kein Flugzeug konnte die Expeditionsteilnehmer heimholen, wenn ein Notfall eintreten sollte. Die Forscher setzten ihr Leben aufs Spiel, was für die Briten entsprechend tragisch endete. Umso größer war die

Ehre für die Gewinner, nämlich Amundsen und seine vier Begleiter.

Schon der Auftakt war wie aus einem Thriller: Alle glaubten, Amundsen wolle mit der Fram zum Nordpol. Offiziell lautete das Ziel nämlich, Nansens Versuch zu vollenden, sich im Packeis so nah wie möglich an den Nordpol treiben zu lassen und den Rest des Weges zu Fuß zurückzulegen. Zu diesem Zweck hatte Amundsen von Nansen die Fram sowie Geldmittel vom Parlament bekommen. Erst als sie vor Madeira lagen – sicher hatte die Mannschaft sich schon gefragt, was sie so weit südlich sollten –, lüftete Amundsen das Geheimnis: Ihr Weg sollte nicht zum Nordpol, sondern zum Südpol führen. Keines der Expeditionsmitglieder stieg aus, und die Reise nach Süden konnte weitergehen.

Die Kursänderung war sicher kein spontaner Einfall. Amundsen plante stets gründlich, er war bestens auf die Tour vorbereitet. Auf dem Forschungsschiff Belgica hatte er schon einmal in der Antarktis überwintert, und mit der Gjøa hatte er 1906 als Erster die Nordwestpassage durchquert. Die Tour hatte fast drei Jahre gedauert, und unterwegs hatte er bei den Inuit gelernt, wie man extreme Kälte überlebte. Die Inuit hatten ihm auch beigebracht, wie man Hundeschlitten benutzte, was entscheidend zum Erfolg der Südpolexpedition beitrug.

Wahrscheinlich spielte es ebenfalls eine Rolle, dass zwei Amerikaner, Frederick Cook und Robert Peary, unabhängig voneinander behaupteten, sie hätten den Nordpol erreicht (Cook 1908 und Peary 1909). Amundsen war es persönlich wichtig, der Erste zu sein, die Wissenschaft kam eher an zweiter Stelle. Obwohl höchstwahrscheinlich weder Cook noch Peary den Nordpol wirklich erreicht hatten, blieb nur der Südpol garantiert nicht erobert.

Die Antarktis war der letzte unerforschte Kontinent, weshalb Amundsen als »echter« Entdecker gilt und nicht nur als Abenteurer. Erst 1820 wurde das abgelegene Antarktika erstmals offiziell gesichtet, als eine russische Expedition das Fimbul-Schelfeis erreichte. Bis 1895 hatte noch kein Mensch das antarktische Festland betreten, und die Ersten, die dort übernachteten, waren passenderweise zwei Samen aus der Finnmark. Sie taten dies jedoch nicht freiwillig, sondern weil sie wegen eines Unwetters erst einen Tag später wieder an Bord des Forschungsschiffs geholt werden konnten.

Die Antarktis ist der Riese der Kryosphäre, ein ganzer Kontinent aus Eis. Mit 14 Millionen Quadratkilometern ist sie fast doppelt so groß wie Australien und 1,3-mal größer als Europa. Fast der gesamte Kontinent – 98 Prozent – ist mit einer durchschnittlich zwei Kilometer dicken Eisschicht bedeckt. Dies macht 98 Prozent allen Eises der Welt aus. Wenn es auf einmal schmelzen würde, würde der Meeresspiegel um etwa 60 Meter steigen.

Der Frost hat die Menschen auf Distanz gehalten und somit die letzte wirkliche Wildnis der Erde bewahrt. Ein Großteil der 1000 bis 5000 Menschen, die zeitweise dort leben (die Zahl ist saisonabhängig), sind Wissenschaftler: Biologen, Geologen, Physiker, Atmosphärenforscher, Astronomen, Glaziologen und nicht zuletzt Klimaforscher. Mithilfe von Eisbohrungen, Satellitenbildern und anderen Mitteln ist es nach und nach gelungen, sich ein Bild von der Geschichte dieser Eiswüste zu machen, die nicht immer so kalt und lebensfeindlich wie heute war.

Die Antarktis entstand durch die große Kontinentaldrift, die die Erdoberfläche in vielen Millionen Jahren verändert hat. Zunächst hingen fast alle Kontinente zusammen, und was heute Antarktika ist, lag früher in wesentlich milderen Breiten, wie viele Fossilienfunde bezeugen.

Erst vor rund 40 Millionen Jahren wurde die Antarktis von Australien und Neuguinea getrennt, dabei bildete sich eine Meeresströmung, die den neuen Kontinent umfloss und zu dessen Abkühlung beitrug. Als sich vor rund 20 Millionen Jahren die Drakestraße zwischen Südamerika und der Antarktis ausbildete und gleichzeitig der CO_2-Gehalt der Atmosphäre sank, wurde es kälter, sodass der Kontinent einfror. Die Eisdecke wuchs, und vor 15 Millionen Jahren war fast der gesamte Kontinent eisbedeckt.

Der weiße Kontinent ist auch der kälteste. Den Weltrekord hält die russische Forschungsstation Wostok, die in 3500 Metern Höhe auf einem vier Kilometer dicken Eispanzer steht. Dort wurden am 21. Juli 1983 minus 89,2 Grad Celsius gemessen. Die durchschnittliche Jahrestemperatur beträgt ca. minus 57 Grad. Selbst in den wärmsten Monaten übersteigt die Durchschnittstemperatur nicht minus 30 Grad, der Wärmerekord liegt bei minus 12,2 Grad.

Ein solches Klima halten nicht viele Organismen aus. Das größte Landtier der Antarktis ist eine zwei bis sechs Millimeter große Mücke. Pinguinarten wie der Kaiserpinguin leben nicht dauerhaft an Land, sie finden ihre Nahrung nur im Wasser. Im Südlichen Eismeer ist der Tisch für sie und andere reich gedeckt. Unmengen von Krill bilden die Grundlage eines vielfältigen Tierlebens, insbesondere für Meeressäuger. Im 20. Jahrhundert entwickelte sich der Walfang im antarktischen Meer zu einem wahren Goldrausch. Besonders norwegische Walfänger waren dort so effektiv, dass sie gesamte Bestände fast ausrotteten – unter anderem den Blauwal, das größte Tier der Welt.

An Land hingegen blieben die Verhältnisse lebensfeindlich. Trotzdem kommen viele Forscher immer wieder dorthin zurück. Vielleicht hängt es mit den Dimensionen zusammen, denn nirgendwo sonst erlebt man so viel Weiß, in alle Himmelsrichtungen. Die enormen Mengen Eis und Schnee vermitteln einen Eindruck der Ewigkeit in der sonst so unbeständigen Welt. Während wir alle sehen, wie das Eis in der Arktis schmilzt, und Bilder von Eisbären kennen, die sich an Eisschollen klammern, scheint dies in der Antarktis anders zu sein. Auf dem Kontinent des Frosts, wo nur Kaiserpinguine und die hartnäckigsten Wissenschaftler überwintern, liegt das Eis kilometerdick fest. Bis vor Kurzem hat nichts darauf hingedeutet, dass es je schwinden würde. Im Osten des Kontinents, der mit der größten Eismasse der Erde bedeckt ist, wuchs der Eisschild sogar noch bis vor nicht allzu langer Zeit.

Als Amundsen und seine Gefährten Richtung Südpol aufbrachen, wussten sie, dass Scott ebenfalls unterwegs war. Vielleicht lag es an der besseren Logistik, dass Amundsen den Wettlauf gewann. Er hatte in der Arktis gelernt, wie schnell Hundegespanne sein konnten, und deshalb 118 Schlittenhunde an Bord. Scott hingegen setzte auf Motorschlitten und Mandschurische Ponys, was sich als schwerer Fehler herausstellte. Die Dieselmotoren froren schon am ersten Tag ein, und den Ponys erging es nicht besser. Am Ende standen Scott und seine Leute allein mit ihren Schlitten da, die überdies dreimal so schwer waren wie die der Norweger.

Amundsen plante gnadenlos: Wenn die Hunde verbraucht waren, wurden sie an ihre Artgenossen verfüttert. Die Tiere waren auf dem Hinweg mit seinen vielen Steigungen ohnehin wichtiger, auf dem Rückweg ging es hauptsächlich bergab. Doch auch die Norweger machten Fehler. Nach ihrer Ankunft im Januar 1911 bereiteten sie die Tour vor, indem sie Depots mit 3040 Kilogramm Proviant im Innenland anlegten. Amundsen wollte schon Anfang September starten, weil er glaubte, der antarktische Sommer würde beginnen, aber Hjalmar Johansen, der bereits Nansen auf der Fram-Expedition begleitet hatte, widersprach ihm. Amundsen bestand auf seiner Planung, aber kurz nach dem Start gab es einen Kältesturz mit Temperaturen von bis zu minus 55 Grad Celsius. Die Männer kamen unbeschadet zurück, aber Amundsen fürchtete um seine Autorität und beschloss, Johansen nicht zum Südpol mitzunehmen.

Weil bis dahin nur die Küste der Antarktis kartiert war, wussten weder Scott noch Amundsen genau, was sie erwartete. Was wie eine stabile Eis- oder Schneedecke aussah, konnte sich jederzeit als Gletscher, das heißt als bewegtes Eis entpuppen. Gletscher sind wie Flüsse in Zeitlupe, sie bewegen sich auf das Meer zu, wo sie kalben oder schmelzen. Außerdem haben sie lebensgefährliche Spalten, wie manche Expedition erfahren musste, zum Beispiel das Team von Monica Kristensen, das in »Amundsens Skispur« gehen wollte, aber nach dem tödlichen Sturz eines Teilnehmers in eine Gletscherspalte umkehrte.

Amundsen und seine Gefährten waren also nicht nur tüchtig, sondern hatten auch Glück. Sie hielten sich von Gletscherspalten und losen Eisblöcken fern und fanden eine Route, die rasch auf das Polplateau führte. Das Eis der Antarktis ist alt und an manchen Stellen bis zu vier Kilometer dick. Auf dem Polplateau ist die Eiswüste relativ flach, sodass sie ihre Position nach dem Stand der Sonne berechneten. So konnten sie die norwegische Flagge fast genau am geografischen Südpol aufstellen, doch es sollte fast drei Monate dauern, bis sie ihren Erfolg per Telegramm aus Hobarth, Australien, verkünden konnten: »Norwegens Flagge am Südpol aufgestellt. Alles in Ordnung! Roald Amundsen.«

Die Eroberung des Südpols wird oft als Wettlauf zwischen den »Helden« Amundsen und Scott dargestellt. Metaphorisch betrachtet kann sie jedoch auch als Lehrstück dafür gelten, wie extreme Verhältnisse Anpassungen verursachen, durch die Organismen ihr Überleben sichern. In diesem Fall: eine Anpassung in Form von Zusammenarbeit. Nicht nur zwischen Menschen – Amundsen war von einem Team abhängig, dessen Mitglieder einander durch verschiedene Eigenschaften und Aufgaben ergänzten –, sondern auch zwischen Mensch und Tier.

Der Geowissenschaftler Richard Boyle von der University of Exeter hat herausgefunden, dass extreme Kälte neue Formen der Zusammenarbeit schaffen kann. Er hat die These aufgestellt, dass einzellige Organismen sich in Perioden globaler Vereisung (»Schneeball-Erde«) zu mehrzelligen Formen zusammenschlossen, um besser zu überleben. Dies sei der Beginn komplexen Lebens auf der Erde gewesen, meint Boyle. Als das Klima wieder wärmer wurde, konnten diese Mehrzeller den Vorteil nutzen, sich rasch zu formieren, und weniger entwickelte Lebensformen verdrängen.[50]

Boyles Kollegen Timothy Walton und Andrew Watson führen diesen Gedankengang weiter und behaupten, extreme Kälte habe auch in der weiteren Entwicklung des Lebens eine entscheidende Rolle gespielt. Sie nennen die Antarktis als Beispiel: »Man kann diese Theorie nachprüfen, indem man untersucht, wie Organismen in einer der extremsten Umgebungen der Erde überleben, der Antarktis. Oft funktioniert dies nur durch Teamwork. Denken Sie an die Pioniere dieser Wildnis – Amundsen, Scott, Shackleton. Sie konnten nur im Team überleben, und selbst dann gingen Individuen (oder in Scotts Fall eine ganze Gruppe) zugrunde. Die ersten Lebensformen auf der Schneeball-Erde fanden noch extremere Bedingungen vor. In den antarktischen Trockentälern gibt es erstaunliche Beispiele für die Zusammenarbeit von Organismen.«[51]

Lenton und Watson schreiben, Boyles Theorie habe eine klare Aussage: Die ersten Individuen neuer Tierarten tauchen jeweils nach globalen Vereisungen auf. Ein Beleg für diese These ist die sogenannte »kambrische Explosion«, die vor etwa 542 Millionen Jahren stattfand, also »gleich« nach der letzten Schneeball-Erde. In dieser Periode entstand eine bis dahin außergewöhnliche Artenvielfalt in Flora und Fauna.

Ein weiteres Beispiel, das Lenton und Watson anführen, ist der Kaiserpinguin. Die größten Pinguine der Welt sind die einzigen, die auf dem antarktischen Eis überwintern, was sie durch enge Zusammenarbeit in zweierlei Hinsicht schaffen. Zum einen steht die Kolonie immer dicht an dicht, die Tiere geben einander Schutz und Wärme gegen die eiskalten Winterstürme. Viele werden den Film ›Die Reise der Pinguine‹ kennen, der die Standhaftigkeit der Vögel dokumentiert. Insbesondere das treue Verhältnis zwischen Männchen und Weibchen rührt uns: Während das Weibchen zur Küste watschelt, um nach Monaten ohne Essen die lang ersehnte Fischmahlzeit zu sich zu nehmen, bleibt das Männchen beim Ei, bis es abgelöst wird. Anschließend wechseln sie sich mit der Nahrungssuche ab. Nur so können sie Nachwuchs bekommen. Jeder Tag, den der Partner zu viel im Meer verbringt, kann für den anderen und das Kind den Tod bedeuten. Ihre standhafte Treue hat die Kaiserpinguine zu moralischen Vorbildern im amerikanischen Bible Belt gemacht.

Hinter dem treuen Verhalten steht eine gnadenlose natürliche Selektion, durch die nur die »Treuesten« und Standhaften sich reproduzieren und ihre Gene weiterführen. Noch mehr physische Anpassung war kaum möglich, die einzige Möglichkeit war die Entwicklung altruistischer Verhaltensmuster. Der Schlüssel zum Überleben bestand darin, dass man sich hundertprozentig aufeinander verlassen konnte. Die Kryosphäre hat ihren Bewohnern den Altruismus gewissermaßen aufgezwungen.

Die Kaiserpinguine sind nur ein Beispiel dafür, wie sich das Leben unter dem Druck neuer Herausforderungen anpasst. Die Erde war immer eine Art »Labor« für die Entwicklung jenes (soviel wir wissen) einzigartigen Phänomens namens Leben, das in immer neuen und komplexeren Formen auftrat. Die Kryosphäre hat bei dieser Entwicklung stets eine wichtige Rolle gespielt.

DIE KRYOSPHÄRE HEUTE

Der Umfang der Kryosphäre wird davon bestimmt, in welchen Gebieten die Temperatur im Lauf des Jahres unter den Gefrierpunkt sinkt. Dies gilt für 35 Prozent der Erdoberfläche, inklusive etwa der Hälfte der gesamten Landmasse.

Bei dem Begriff »Kryosphäre« denkt man zunächst an das »ewige Eis«, also an die Gletscher. Diese bedecken 10,8 Prozent der Landmasse. Die größten sind der Grönländische und der Antarktische Eisschild (auch Inlandeis genannt). Von den insgesamt 16,03 Millionen Quadratkilometern Gletscher liegen 13,76 Millionen in der Antarktis und 1,74 Millionen in Grönland. Der Rest, etwa 0,52 Millionen Quadratkilometer, ist über die gesamte Erdkugel verteilt. Rechnet man in Volumen oder Gewicht, haben die Antarktis und Grönland einen noch größeren Anteil, weil das Eis dort mehrere Kilometer dick ist. In der Antarktis gibt es 25,4 von insgesamt 28,6 Millionen Kubikmetern Eis und in Grönland 2,9 Millionen. Wenn das gesamte Eis in Grönland schmelzen würde, würde der Meeresspiegel um 7,1 Meter ansteigen und das gesamte Eis der Antarktis würde einen Anstieg um 56,2 Meter verursachen.

Die Gletscher sind jedoch nicht die einzige Form von Dauerfrost. Der Permafrost bedeckt 22,8 Millionen Quadratkilometer der Erde (ein Großteil davon in Sibirien und Kanada), doch in Volumen gemessen ist sein Anteil geringer.

Ein besonders interessanter Klimafaktor ist die variable Kryosphäre. Ihr Ausmaß variiert beträchtlich, was starke Rückkopplungseffekte auslösen kann. Die variable Kryosphäre besteht aus Meereis, der Schneedecke und den Teilen des Permafrosts, die mit den Jahreszeiten variieren. Besonders das arktische Meereis stand in den letzten Jahren im Brennpunkt der Öffentlichkeit. Die schwindende Eisdecke rund um den Nordpol ist zum Symbol des Klimawandels geworden. Weniger Eis eröffnet der Schifffahrt sowie der Gewinnung von Rohstoffen wie Öl und Mineralien neue Wege, aber es hat auch einen gefährlichen Rückkopplungseffekt: Das offene Meer nimmt mehr Sonnenenergie auf, das heißt, weniger Strahlung wird in die Atmosphäre reflektiert. Dies beschleunigt die Erwärmung, besonders in der Arktis, wo die Temperatur rascher als überall sonst steigt. Aktuelle Untersuchungen kommen zu dem Schluss, dass das Nördliche Eismeer in wenigen Jahrzehnten völlig eisfrei sein könnte, zumindest in den wärmeren Monaten.

Auf der südlichen Halbkugel sieht es etwas anders aus, weil dort ein Kontinent ein großes Gebiet um den Südpol bedeckt. Im Südlichen Eismeer gibt es relativ wenig dauerhaftes Meereis, aber jeden Winter friert ein größeres Areal als im Norden zu – das Maximum im September beträgt 14,5 Millionen Quadratkilometer.

Das Meereis ist nicht nur im Hinblick auf den Albedo-Effekt wichtig, sondern auch für den Erhalt der Ökosysteme in den Eismeeren.

Der variabelste Teil der Kryosphäre ist die Schneedecke. Auch hier sind die Schwankungen auf der nördlichen Halbkugel größer. Auf der südlichen Halbkugel liegt der größte Teil des Schnees in der Antarktis, und zwar das ganze Jahr über. Im Norden hingegen werden viele Gebiete nur im Winter weiß. Die saisonbedingte Schneedecke der nördlichen Halbkugel kann bis zu 46,7 Millionen Quadratkilometer betragen, fast die Hälfte der dortigen Landmasse.

Dies bedeutet, dass die Schneedecke die wichtigste Variable der Kryosphäre ist, besonders im Hinblick auf den Albedo-Effekt, der einen bedeutenden Klimafaktor darstellt. Auch als saisonaler Wasserspeicher ist die Schneedecke äußerst wichtig, weil sie auch in trockenen Monaten Schmelzwasser abgibt.

Trotz seiner großen Ausbreitung erhält der Permafrost weniger Beachtung. Er bedeckt ganze 14,5 Prozent der Landmasse auf der Erde, besonders in Sibirien, Kanada und den Inseln des Nördlichen Eismeeres und kann bis zu mehrere hundert Meter tief reichen.

Labor Erde

Die gefrorene Geschichte des Lebens

Ich sehe die Biosphäre wie eine lebende,
über die Erde gezogene Schicht,
die rhythmisch auf den Puls der Erde reagiert.

Elisabeth Vrba

Es gibt viele Arten von Laboratorien. Die klassische Variante ist ein Ort, an dem man mit irgendeinem System – physisch, chemisch, biologisch, physiologisch oder sozial – Versuche unternimmt und es bestimmten Bedingungen aussetzt, um zu sehen, wie es reagiert und welche Veränderungen ausgelöst werden. Füge einen Tropfen einer chemischen Substanz einer Flüssigkeit im Reagenzglas zu, und die Flüssigkeit ändert die Farbe, bildet Blasen oder explodiert. Oder es passiert gar nichts. Man kann aber auch vorgehen wie Robert Paine, ein Pionier der experimentellen Ökologie, bei seinen kontrollierten Versuchen in den Siebzigerjahren. Entferne eine Art – zum Beispiel Seesterne – aus einem isolierten, kleinen Ökosystem, und beobachte, welche Folgen dies für die anderen Arten hat. Einige leben auf und dominieren, während andere vollständig verschwinden. Auf diese Weise kann man Teile der Natur isolieren und zu einem Labor machen.

Auch die gesamte Erde kann als Laboratorium betrachtet werden. In ihm laufen beständig *natürliche Experimente* ab, die niemand geplant hat und die sich häufig über einen langen Zeitraum erstrecken. Trotzdem können wir diese Experimente studieren, nicht selten im Nachhinein. Mit der Umlaufbahn, die unser Planet im Sonnensystem beschreibt, variiert die Sonneneinstrahlung, und schon die kleinsten Veränderungen können zu großen Auswirkungen auf der Erde führen. Die Erde ist nämlich keine gleichförmige Kugel, sondern zusammengesetzt aus den verschiedensten veränderlichen Systemen: einem warmen, nicht festen Kern, einer Oberfläche, auf der alte Kontinente langsam driften und miteinander kollidieren, und aus veränderlichen Meeresströmungen und Windsystemen. Nicht zu vergessen die ungeheure Menge Wasser, die gefriert, schmilzt und verdunstet, in einem nie endenden Kreislauf.

In ihrer frühen Phase wurde die Erde von Kometen, Asteroiden und anderen »Steinen des Himmels« geradezu bombardiert. Die Analyse des Kometen 67P/Tschurjumow-Gerassimenko hat gezeigt, dass mindestens die Grundsteine des Lebens von außen auf die Erde gekommen sind. Mit den nötigen Grundelementen, die es für lebende Organismen braucht, also auch dem Wasser, in dem diese sich entwickeln können, war die Bühne für eines der spektakulärsten »natürlichen Experimente« des Universums bereitet: die Evolution. Vielleicht ist dies nur ein einziges Mal im Universum passiert, auf jeden Fall scheint es in unserer Nähe nichts Vergleichbares zu geben – und mit Nähe meine ich Distanzen von Lichtjahren. Während der gesamten Entwicklung hat der Frost eine entscheidende Rolle gespielt. Alle wichtigen Durchbrüche in der Geschichte des Lebens scheinen mit Geschehnissen in der Kryosphäre zusammenzuhängen. Die Erde war wie ein gigantisches Labor für die

Entwicklung von immer komplexeren Lebensformen, und der Frost war dabei eine Art Katalysator.

Wie die Fossilienstudien des norwegischen Biologen Kjetil Lysne Voje gezeigt haben, sind die Lebensformen in konstanter Veränderung, nicht zuletzt durch zufällige Mutationen des Erbmaterials. Aber nur selten führen diese Fluktuationen zu bleibenden Veränderungen. Die meisten Mutationen sind nur eine kurze Sackgasse in der Geschichte, weil sie den Organismen keine Vorteile bringen und diese sich deshalb nicht durchsetzen und ihre Gene verbreiten können.[52] Wenn eine veränderte oder neue Art sich durchsetzt, hat sich meist auch ihre Umgebung gewandelt. Oder die Art verlässt ihren alten Lebensraum, sodass die Mutationen plötzlich Vorteile bringen.

Ähnliches geschah, als die Menschen Afrika in Richtung Norden verließen und damit weniger Sonne bekamen. Ihre Körper produzierten weit weniger Vitamin D, und viele wurden dadurch krank. Diejenigen aber, die dank Mutationen hellere Haut bekommen hatten, konnten das Sonnenlicht effektiver nutzen und kamen deshalb mit weniger Sonne aus. Plötzlich hatten die hellhäutigen Menschen einen Vorteil und dominierten damit schließlich die nördliche Bevölkerung.

In diesem Fall hatten die Organismen sich aus eigenem Antrieb bewegt, es kommt aber auch vor, dass sich die Landschaft aufgrund tektonischer Bewegungen verändert. So geschehen, als der indische Kontinent mit der Eurasischen Platte zusammenstieß.

Vor allem aber das wechselnde Klima hat die Lebensbedingungen immer wieder dramatisch verändert – wie es auch heute noch geschieht. Die Perioden in der Entwicklungsgeschichte der Erde, in denen alte Arten ausstarben und neue entstanden, waren in der Regel durch dramatische Klimawechsel gekennzeichnet. Und die meisten dieser Einschnitte hingen mit einer Veränderung der Kryosphäre zusammen.

Je weiter wir in der Geschichte der Erde zurückgehen, desto unsicherer wird unser Wissen. Neue Studien von Kometen – Eisklumpen auf dem Weg durch das Universum – zeigen aber, dass diese eine wichtige Rolle gespielt haben, um die Bausteine des Lebens auf die Erde zu bringen, darunter auch lebenswichtige Mineralien, Aminosäuren und nicht zuletzt Wasser. Es kann sogar sein, dass sie das Leben selbst auf die Erde gebracht haben. Es gibt auch schwerwiegende Indizien dafür, dass die Evolution komplexen Lebens von einer Schneeballphase getriggert wurde. Also einer der Phasen, in der ein Großteil der Erde gefroren und diese komplett mit Schnee und Eis bedeckt war.

Je näher wir unserer Zeit kommen, desto verlässlicher ist auch unser Wissen. Mittlerweile verstehen wir, dass auch die Geschichte unserer eigenen Art sehr eng mit den klimatischen Veränderungen verknüpft ist, insbesondere mit den Veränderungen des Verhältnisses zwischen der Kryosphäre und den anderen geophysischen Systemen. Wir wissen, dass die Entwicklung der Menschenaffen (der Tierfamilie, zu der unsere Gattung gehört) begann, als das Klima auf der Erde kälter wurde und die Pole langsam zufroren. Es war der Anfang der letzten Reihe von Eiszeiten. Eine ähnliche Abkühlung hatte bereits zur Abspaltung der Gattung *Homo* vom Vorgänger *Australopithecus* geführt. Und damit letztlich zur Bildung unserer eigenen Art, dem *Homo sapiens*.

Es mag seltsam klingen, dass Geschehnisse in der Arktis und Antarktis Einfluss auf ein Ereignis in Afrika gehabt haben sollen, wo die großen Menschenaffen und schließlich auch der Mensch entstanden. Aber wenn große Wassermassen in den Polgebieten zu Eis werden, sowohl als Festlands- als auch als Meereis, wird viel Feuchtigkeit in der Atmosphäre gebunden, was wiederum – durch positive Rückkopplungseffekte – eine Abkühlung der Meere bedingt. Dies führt über geringere Niederschläge zu Trockenheiten, die dann wieder die Lebensbedingungen ändern. Deshalb gilt: Wenn sich in der Arktis Eis bildet, hat dies auch Auswirkungen auf Afrika.

Das Gefrieren der Polarregionen und später auch Nordamerikas, Nordeuropas, Sibiriens und weiter Gebirgsareale führte zu einem Klimawandel auf der ganzen Erde. In Afrika entstand ein trockeneres Klima, durch das die Vegetation sich drastisch veränderte. Zu dieser Zeit entstanden nach einer Periode längerer Stabilität (in welcher der *Australopithecus* lebte) in schneller Folge viele neue Arten. Die Ursache war die Anpassung an das neue Klima und die damit verbundenen neuen Lebensbedingungen: Der Wald wurde lichter und »wir« mussten uns auf der afrikanischen Savanne zurechtfinden. Dort gab es viel weniger Waldfrüchte und weniger Schutz vor Raubtieren. Im Gegenzug gab es eine andere Nahrungsquelle im Überfluss: das Fleisch von Weidetieren – vorausgesetzt man schaffte es, zu jagen, ohne selbst zur Beute zu werden.

Alle evolutionären Schritte auf dem Weg zum modernen Menschen fallen mit Änderungen des Klimas und der Kryosphäre zusammen, ganz besonders mit den Vereisungen. Rein biologisch sieht es wirklich so aus, als wären wir »Kinder des Eises«.

Aber damit nicht genug: Nachdem wir vor rund 130 000 Jahren die Entwicklung zum Homo sapiens vollendet hatten (einige neue Funde sprechen für 300 000 Jahre, aber das ist noch nicht bewiesen), haben wir uns biologisch nicht mehr viel verändert, wohl aber in anderer Hinsicht.

Denken wir nur an das Soziale und Kulturelle. Wir haben neue Technologien und neue soziale Strukturen entwickelt, was zu den verschiedensten Gesellschaftsformen geführt hat. Aber selbst bei dieser Entwicklung scheint dasselbe Schema durch: Die großen Entwicklungsschritte finden parallel zu Veränderungen der Kryosphäre und des Klimas statt. Wie beim Übergang vom Dasein als Jäger und Sammler zu sesshaften Bauern. Oder bei der Entwicklung der ersten Städte und Zivilisationen, der modernen Demokratie und der Industriegesellschaft. All diese Entwicklungsschübe fallen mit Klimaereignissen zusammen, die wir anhand von Bohrkernen aus dem Grönlandeis nachweisen können. Es mag seltsam klingen, doch es gibt eine mögliche Erklärung. Sie hat mit den Mechanismen der Entwicklung des Lebens zu tun, die Charles Darwin entdeckte.

Wann genau die ersten lebenden Organismen auf der Erde existierten, ist schwer zu sagen. Es gibt Spuren aus Grönland, die darauf hindeuten, dass es bereits vor 3,8 Milliarden Jahren Leben gab. Die ersten Lebensformen waren einfache Einzeller, sogenannte Prokaryoten. Sie nutzten noch keinen Sauerstoff (der Sauerstoffanteil in der Atmosphäre war damals verschwindend gering), sondern mussten sich ihre Energie auf anderen Wegen sichern. Bei diesen Bedingungen gab es kaum Entwicklungsmöglichkeiten, dazu kam es erst eine Milliarde Jahre später, als eine neue Bakterienart auftauchte, Cyanobakterien, die die Lebensverhältnisse auf der Erde auf den Kopf stellen sollten. Diese Bakterien produzieren nämlich Sauerstoff, und was anfangs ein Umweltgift war, wurde rasch zur Lebensgrundlage der meisten Organismen. Dieses neue »Umweltgift« sollte die Zusammensetzung der Atmosphäre und damit auch das Klima verändern.

Als sich die Atmosphäre immer mehr mit Sauerstoff anreicherte (parallel zu einem Absinken der CO_2-Konzentration), begann auch die erste größere Eisbildung. Diese Vereisung geschah vermutlich vor 2,9 Milliarden Jahren, die erste größere, gut dokumentierte Serie von Vereisungen – eine richtige Eiszeit – gab es aber erst eine halbe Milliarde Jahre später, vor zirka 2,4 bis 2,3 Milliarden Jahren. Die Erde erlebte in der Folge mindestens zwei globale Vereisungen (Schneeball-Erde), bei denen sie vollkommen mit Eis und Schnee bedeckt war.

Danach begann eine stabilere Periode, in der über zwei Milliarden Jahre anscheinend wenig vor sich ging. Doch die Sauerstoffkonzentration nahm weiter zu, und die Lebensformen passten sich langsam einem Dasein an, in dem der Sauerstoff eine wichtige Ressource und kein Umweltgift mehr war. Irgendwann in dieser Periode (Proterozoikum) geschah etwas Seltsames, das die Geschichte des Lebens verändern sollte: Zwei einzellige Organismen, vermutlich ein Archaeon und eine Bakterie, trafen aufeinander. Vermutlich hat der eine Organismus versucht, den anderen zu fressen, was aber dazu führte, dass sie eine symbiotische Verbindung eingingen und somit den ersten Eukaryoten-Organismus bildeten, das heißt eine Zelle mit Zellkern, die es auf lange Sicht ermöglichen sollte, dass Mehrzeller und damit auch komplexe Organismen entstanden. Alle mehrzelligen Organismen, die heute auf der Erde leben, stammen von dieser schicksalsträchtigen Begegnung ab. Die neue Verbindung führte nicht sofort zu einer weiten Verbreitung. Vorher brauchte es noch eine weitere globale Vereisung, zu der das Leben selbst seinen Beitrag geleistet hatte, weil der Nettoeffekt von Leben auf der Erde Abkühlung ist. Ohne Leben wäre es etwa 45 Grad wärmer.

Die damalige Eiszeit hat das Leben aber nicht erstickt. Einzelne, einzellige Organismen und sogar Eukaryoten können eingefroren und wieder aufgetaut werden. Auch einige sehr kleine Tiere, wie zum Beispiel die Bärtierchen, überstehen das Einfrieren.[53] Selbst als die Erde komplett mit Schnee und Eis bedeckt war, gab es am Meeresboden warme Quellen, in deren Umgebung, wie viele Wissenschaftler heute glauben, das Leben entstanden ist. Die Vereisungen sind natürlich trotzdem eine große Herausforderung für die Organismen und schaffen einen Selektionsdruck, dem nur die besten widerstehen. Wie Organismen derart eisige Bedingungen überleben, wurde im vorigen Kapitel besprochen: indem sie zusammenarbeiten.

Dies gilt auch für die kleinsten Organismen. Zusammenarbeit macht das Dasein leichter, und bei manchen einzelligen Arten war sie so intensiv, dass mehrzellige Organismen aus ihnen entstanden. Damit waren auch eine Spezialisierung der Zellen und eine Verteilung der Aufgaben möglich. Einige Zellen widmeten sich den Sinneswahrnehmungen, andere der Verdauung, während wieder andere den Organismus gegen äußere Feinde verteidigten. Und so weiter. Natürlich war dies keine geplante Zusammenarbeit, sondern pure Evolution: zufällige Kombinationen, die funktionierten und in späteren Generationen selektiert wurden.

Solche »Zusammenarbeitsprojekte« – der Anfang aller Pflanzen und Tiere – entstanden vermutlich als Notlösungen unter extremen Bedingungen wie der globalen Vereisung. Als die Erde wieder auftaute, warteten Land- und Meeresflächen nur darauf, von diesen neuen Geschöpfen besiedelt zu werden, weil viele andere Arten eingegangen waren. So konnten sie sich ausbreiten. Eine vergleichbare Dynamik hat sich in der Entwicklungsgeschichte der Erde mehrmals wiederholt. Eine schwierige klimatische Phase, zum Beispiel eine Eiszeit, bringt durch Selektion neue Organismen hervor, die sich auf der Erde ausbreiten, wenn es wieder wärmer wird. Das spektakulärste Beispiel einer solchen Evolution ist die bereits erwähnte »kambrische Explosion« vor 540 Millionen Jahren[54], »gleich« nach der letzten globalen Vereisung am Ende des Proterozoikums. Plötzlich tauchte eine Vielzahl mehrzelliger Organismen auf, und zwar in allen drei »Königreichen«: im Reich der Pflanzen, Tiere und Pilze. Es war nicht nur ein ungeheurer Anstieg der biologischen Artenvielfalt, sondern der Startschuss für Lebensformen mit einer wesentlich höheren Komplexität als zuvor: Tiere und Pflanzen mit avancierten Systemen, um Energie, Material und Informationen aufnehmen zu können. Bei der kambrischen Explosion wird die Evolution, wie Darwin sie beschrieben hat, zum ersten Mal sichtbar. Die biologische Vielfalt war hoch, und neue Arten entwickelten sich, während andere (die meisten) wieder verschwanden. Danach gab es auf der Erde keine vollständigen Vereisungen mehr, durch die die meisten mehrzelligen Organismen wieder zugrunde gegangen wären. Das heißt aber nicht, dass es keine Vereisungen mehr gab. Im Gegenteil, erst in der jüngeren geologischen Geschichte – nachdem die Kontinente ihre heutige Gestalt angenommen hatten – kam es zur rhythmischen Ausbildung von Eiszeiten, immer wieder unterbrochen von Warmzeiten. Der ständige Klimawechsel trieb die Evolution noch weiter an, alte Arten mussten sich immer wieder geschlagen geben und neue entstanden. Es kam aber zu keiner globalen Vereisung mehr, sodass es immer Zonen mit fließendem Wasser gab, in denen komplexe Organismen überleben konnten.

Mit dem wechselnden Klima veränderte sich auch die Vegetation und mit ihr die Lebensbedingungen der Tiere. Auffällig war dies besonders in Afrika, als das Klima vor rund 50 Millionen Jahren allmählich wieder kälter wurde.

Nachdem sich in den Polarregionen immer mehr Eis gebildet hatte, wurde das Klima in Afrika trockener, sodass der Wald sich in eine grasbewachsene Steppe verwandelte. Erst in dieser Zeit entstand die typische Savanne, die Nahrung und Raum für Millionen von Grasfressern bot, von Elefanten und Nashörnern bis zu Antilopen und kleineren Tieren. Parallel dazu entwickelten sich die Raubtiere: Löwen, Hyänen, Wildhunde, Leoparden, Schakale und Geparde, sodass die Nahrungskette komplett war: Raubtiere (und Parasiten) fressen Pflanzenfresser, die wiederum … na, was wohl fressen? Das gierigste aller Raubtiere fehlte aber noch.

Gleichzeitig wurden die Tiere, die in den großen Wäldern gelebt hatten, zum Beispiel Affen, in immer begrenztere Bereiche verdrängt. Einige jedoch passten sich dem Leben am Waldrand oder im offenen Gelände an. Unter ihnen waren die ersten Hominiden. Sie bildeten einen neuen Zweig am Baum der Evolution, der sich vor rund sieben Millionen Jahren sowohl geografisch als auch genetisch von den Schimpansen abspaltete, die Wälder verließ und sich in der Savanne entwickelte. Während die meisten der neu entstandenen Arten sich nicht durchsetzen konnten, sollte eine Art allmählich die Welt erobern.

Kinder des Eises

Nur durch Schaden werden wir klug – Leitmotiv der ganzen Evolution. Erst durch unzählige, bis ins Unendliche wiederholte leidvolle Erfahrungen lernt sich das Individuum zum Meister über sein Leben empor. Alles ist Schule.

Christian Morgenstern

Elisabeth Vrba ist Professorin für Geologie und Geophysik an der Yale University und eine berühmte Paläontologin. Sie ist vor allem bekannt für die Theorie der Exaptation, die sie gemeinsam mit Steven J. Gould aufgestellt hat. Die Wissenschaftler fanden heraus, dass viele Eigenschaften, die heute bestimmten Arten nützlich sind, ursprünglich einem ganz anderen Zweck dienten. Zum Beispiel waren die Flügel der Vögel anfangs kaum zum Fliegen geeignet, sondern dienten zur Regulierung der Körpertemperatur. Etwas weniger bekannt ist Vrbas Theorie der evolutionsgeschichtlichen *turnover pulses,* die viele Arten gleichzeitig betreffen und meist mit einer einschneidenden Veränderung der Lebensbedingungen einhergehen.

Es begann damit, dass Vrba als junge Forscherin in Südafrika die Fossilien von Antilopen studierte. In den Kalksteinhöhlen Transvaals fand sie reichlich davon und sortierte sie nach Alter. Dabei fiel ihr auf, dass alle Fossilien, die mindestens 2,5 Millionen Jahre alt waren, anatomische

Züge aufwiesen (insbesondere am Gebiss), die auf ein Leben in feuchten Wäldern hinweisen. Jüngere Fossilien zeigten diese Eigenschaft nicht. Sie schloss daraus, dass die Waldantilopen verschwunden waren und es nur noch neue Arten gab, die auf trockenen, offenen Savannen weideten.[55]

Nicht nur die Antilopen hatten einen solch tiefgreifenden Wandel mitgemacht, sondern auch andere Arten. Später fanden Wissenschaftler an weiteren Orten Afrikas ähnliche Spuren des Wandels: in Äthiopien, Kenia und Tansania. Immer deutlicher sah man, dass sich in dieser Zeit das Klima im südlichen und östlichen Afrika deutlich verändert hatte, sodass Wälder zu Savannen geworden waren. Diese klimatische Veränderung war Teil eines globalen Wandels. Vor etwa 2,5 Millionen Jahren fand auf der nördlichen Halbkugel der Höhepunkt einer Vereisung statt. Es war der Beginn der großen Eiszeiten. Die Antarktis war bereits mit Eis bedeckt, nun geschah dasselbe im Norden. Die Gletscher wuchsen und bedeckten zunächst Grönland, dann Nordeuropa und Russland und schließlich auch Nordamerika, wo die größte Eisdecke zurückblieb. Es wurde kälter und trockener, weil die Eisbildung der Luft die Feuchtigkeit entzog und den Meeresspiegel um etliche Meter absenkte.

Dadurch veränderte sich auch die Vegetation. Wo einmal Regenwald gestanden hatte, bildete sich die noch heute für Ost- und Südafrika typische Savannenlandschaft aus. Die erfolgreichsten Tierarten passten sich den neuen Verhältnissen an, zum Beispiel die Oryxantilope, die mit extremer Trockenheit zurechtkommt. All diese Veränderungen geschahen nicht über Nacht, sondern allmählich, durch langsame Anpassung von Anatomie und Verhaltensmustern. Weitere für das Leben in der Steppe geeignete Arten wie das Pferd tauchten in Afrika auf.

Zur gleichen Zeit entstanden neue Arten von Hominiden – die Familie der Primaten, denen der Mensch und die Menschenaffen angehören. Am Anfang waren dies fossile Arten wie der *Australopithecus*, aber aus einem Zweig entstand die Gattung des *Homo*, der wir angehören. Unser Stammbaum wird noch immer aufgrund neuer Funde und Erkenntnisse revidiert, doch zwei der ersten Arten waren wahrscheinlich der *Homo habilis* und der *Homo rudolfensis*. Der *Homo erectus* (»aufrechter Mensch«) war uns schon ziemlich ähnlich und verbreitete sich als Erster der Gattung von Afrika über den Nahen Osten bis nach Asien und Europa. Von ihm stammt vermutlich der Neandertaler ab.

Die Entwicklung des Menschen begann also, während sich auf der Erde ein Klimawandel vollzog. Die meisten Arten starben verhältnismäßig rasch wieder aus, mit Ausnahme der Linie unserer Vorfahren. Evolutionäre Wandel dieser Art nennt Vrba *turnover pulses*. Sie geschehen, weil ein Klimawandel die Lebensverhältnisse so drastisch verändert, dass die betroffenen Arten zur Anpassung gezwungen werden. Neue Nahrung verlangt ein anders geartetes Gebiss, ein unterschiedliches Verdauungssystem und neue Verhaltensmuster. Grasfresser haben eine andere Anatomie als Obstfresser.

Wie der Harvard-Biologe Ernst Mayr schon in den Vierzigerjahren hervorgehoben hat, kann ein solcher Wandel auch zur geografischen Isolation einzelner Tier- oder Pflanzengruppen führen, zum Beispiel wenn die Landschaft in »Inseln« aufgeteilt wird. Die betroffenen Gruppen tauschen keine Gene mehr untereinander aus und evolvieren in unterschiedliche Richtungen. Dauert die Isolation an, sind sie irgendwann genetisch so verschieden, dass sie sich nicht mehr miteinander paaren können. Sie sind zu zwei separaten Arten geworden.

Klima- und Umweltveränderungen sind deshalb ein

wichtiger Faktor der Evolution. Unter stabilen Verhältnissen verändert sich wenig, die Populationen verbleiben in einer Art evolutionärem Gleichgewicht. Zwar gibt es immer Mutationen, aber die meisten führen nicht zu neuen Arten.

Als Vrba die Theorie der *turnover pulses* vorbrachte, stieß sie auf große Skepsis. Einen direkten Zusammenhang zwischen Umweltverhältnissen und der Entwicklungsgeschichte des Menschen betrachteten viele als »Determinismus«. Die spätere Forschung hat die Hauptpunkte ihrer These jedoch bekräftigt. Unter anderen haben der britische Geograf Mark Maslin und sein Team erforscht, wie sich die Verhältnisse in Ostafrika veränderten, während die Gattung Mensch entstand. Parallel zur Vereisung der nördlichen Halbkugel wurde es in Afrika trockener, Sand und Staub aus der Sahara und der Arabischen Halbinsel verbreiteten sich weit nach Süden. Aber es gab auch Klimaschwankungen und geologische Veränderungen, etwa im Großen Afrikanischen Grabenbruch, der sich von Nord nach Süd durch ganz Ostafrika erstreckt. In diesem bildeten sich Binnenseen, die im Laufe der Jahrmillionen kamen und wieder verschwanden. Laut Maslin könnten sie entscheidend für die Entwicklung und Verbreitung der neuen Menschenarten gewesen sein. Auch er kommt in seiner detaillierten Studie zu dem Schluss, dass das ständig wechselnde Klima von der Zeit der ersten Hominiden bis zur Migration des *Homo erectus* eine wesentliche Rolle in der Evolution und Verbreitung unserer Vorfahren gespielt hat.[56] Indirekt waren auch sie Kinder des Eises.

Aber warum haben gerade wir Menschen die tiefgreifenden Veränderungen in Klima und Vegetation so gut überlebt? Darauf hat Rick Potts vom Smithsonian Institute in Washington eine interessante Antwort: Als vor rund 2,5 Millionen Jahren die Eiszeiten begannen, setzte der

Klimawandel rascher als je zuvor ein und wiederholte sich häufiger. Dies begünstigte Arten, die sich gut und schnell umstellen konnten. Dabei war ein größeres Gehirn von Vorteil. Einige Hominiden entwickelten die Fähigkeit, Werkzeuge herzustellen und zu gebrauchen. Außerdem waren sie in der Lage, über weite Strecken zu migrieren. Genau dies unterschied unsere Vorfahren von anderen Hominiden. Sie fanden neue Überlebensstrategien, nicht zuletzt durch die Zusammenarbeit in Gruppen. Steinwerkzeuge und der Gebrauch des Feuers brachten weitere Vorteile. Auch entwickelten sie eine größere Feinmotorik zum Gebrauch der neuen Technologien sowie Arme und Schultern, die zum Steine- und später Speerwerfen geeignet waren. Dank des aufrechten Gangs legten sie weite Strecken zurück.

Mit anderen Worten: Der ständige Klimawandel selektierte eine Hominiden-Art mit vielen menschlichen Zügen. Sie konnte reflektieren, werfen, laufen und weit »reisen«.[57] Sowohl Andreas Thorkildsen[58] als auch Magnus Carlsen[59] haben ihren fernen afrikanischen Vorvätern viel zu verdanken.

Nicht nur das Menschengeschlecht – die Linie des Homo – entstand zu einer Zeit, in der die Kryosphäre das Weltklima dominierte. Auch unsere Art, der *Homo sapiens*, trat in einer besonders kalten und trockenen Periode in Erscheinung. Es war während einer der Eiszeiten, als im Norden gnadenlose Kälte herrschte und große Teile Europas, Sibiriens und Nordamerikas mit Eis bedeckt waren. In Afrika waren nur einige Gipfel vereist (ein wenig davon ist noch übrig), aber es herrschte Trockenheit, wie zu den meisten Eiszeiten, wenn auf der Erde viel Wasser in Form von Eis gebunden ist.

Der *Homo sapiens* kam ebenfalls zuerst in den afrikanischen Savannen vor. Der genaue Zeitpunkt ist unmöglich zu bestimmen, neuere Funde deuten darauf hin, dass es uns bereits vor 300 000 Jahren gab. Wie viele wir waren, ist ebenfalls unbekannt, aber genetische Analysen lassen vermuten, dass es irgendwann nur ungefähr 10 000 Exemplare unserer Art gab. Die Arterhaltung war eine große Herausforderung, doch wie wir inzwischen wissen, können neue Arten oft besonders gut neue Verhältnisse ausnutzen. Manche älteren Arten hingegen passen sich nicht an und sterben aus.

Eine anhaltende Tendenz in der Evolution unserer Art ist die immer bessere Fähigkeit, sich mit neuen Werkzeugen und Technologien zu helfen. Es begann mit dem *Homo habilis* (»geschickter Mensch«), der Steinäxte benutzte, und setzte sich mit dem *Homo erectus* fort, der mehr Werkzeuge erfand und das Feuer zähmte. Der *Homo sapiens* schließlich ersann immer neue Technologien, die es seiner Art ermöglichten, die heftigen Klimaschwankungen während der Eiszeiten zu überleben. Kleidung, Werkzeug und bessere Waffen trugen wesentlich dazu bei, dass der *sapiens* bei der Verbreitung über andere Kontinente die anderen Nachkommen des *erectus*, die lange vor ihm in Europa und Asien gelebt hatten (in Europa vor allem der Neandertaler), dominierte, verdrängte oder sogar ausrottete. Vermutlich waren die Sprache oder Sprachen des *Homo sapiens* auch weiter entwickelt, sodass er besser mit seinen Artgenossen zusammenarbeiten konnte.

Es war also Eiszeit, als unsere direkten Vorfahren aus Afrika einwanderten. Doch südlich der Eisdecke, in der damaligen Tundra, herrschten günstige Verhältnisse für große Pflanzenfresser wie Rentiere und Mammuts. Das Eis war in ständiger Bewegung, und wo es abschmolz, wuchsen rasch Gras und Bäume, ein idealer Weidegrund, wie er heute noch in nördlichen Breiten besteht, wenn auch ohne Mammuts. Für die Menschenarten, welche die Großwildjagd beherrschten und für kaltes Klima gerüstet waren, bedeutete dies gute Zeiten.

Spuren dieser Kultur, die über 20 000 Jahre lang bestand, finden wir in vielen Höhlenmalereien und Felsbildern von Spanien bis zum Ural. Die häufigsten Motive sind Jagdszenen. Niemand weiß genau, ob sie zeremoniellen oder anderen Zwecken dienten, doch der Archäologe Steven Mithen meint, dass sie im Zentrum einer kulturell-religiösen Praxis standen, durch die Kenntnisse über Tiere und Jagd von Generation zu Generation weitergegeben wurden.[60]

Um als Großwildjäger im rauen Klima der Eiszeiten zu überleben, brauchte man ein entsprechendes Grundwissen: Welche Beutetiere waren zu bevorzugen, wann und wo zogen die Herden umher, wo und wie konnte man am besten zuschlagen (Fallen, kollektive Strategien, Waffen etc.). Man musste die Herstellung effektiver Waffen lernen, was schon mit den richtigen Rohmaterialien anfing. Raubtiere waren eine alltägliche Gefahr, ebenso waren andere Menschengruppen – von der eigenen oder einer anderen Art – Konkurrenten und potenzielle Feinde. Das Dasein als eiszeitlicher Jäger war hart, aber wer mit all diesen Gefahren zurechtkam, hatte genug zum Leben.

Heute gibt es Menschen, die viel bezahlen, um in Survival-Kursen oder auf Großwildjagd zumindest einige Facetten des steinzeitlichen Alltags nachzuerleben. Oder sie ziehen in die Wildnis, um einfach oder »primitiv« zu leben. Hingegen würde kaum jemand Geld ausgeben, um wie die Nachkommen der Großwildjäger als Bauern zu leben. (Kein Reiseveranstalter würde eine Woche Erntehilfe in vietnamesischen Reisfeldern als Abenteuerurlaub verkaufen, und »Ferien auf dem Bauernhof« sind Urlaub, keine Arbeit.) Das Leben der sesshaften Bauern war nicht nur langweiliger, sondern auch ungesünder, wie Skelettfunde belegen: Die Bauern blieben kleiner als ihre Vorfahren, hatten schlechtere Zähne und insgesamt mehr Krankheiten.

Dennoch war es der Übergang zu festen Wohnplätzen sowie zur Land- und Viehwirtschaft, der zu jenem Phänomen führen sollte, das wir Zivilisation nennen. Auch diese einschneidende Veränderung im Leben der Menschen – diesmal weniger genetisch als kulturell – hängt mit Veränderungen der Kryosphäre und dadurch ausgelösten Klimaschwankungen zusammen.

Jenseits von Eden

Da wies ihn Gott der Herr aus dem Garten Eden,
dass er die Erde bebaute, von der er genommen war.

1. Mose 3,23

So lange die Menschen sich erinnern konnten, war das Leben in Tell Abu Hureyra gut gewesen. Das Klima war angenehm warm, mit genug abkühlendem Regen. Der Wald war voller sättigender Nüsse. Pistazien konnte man frisch von den Bäumen essen, die Eicheln brauchten eine längere Zubereitung, bis sie genießbar waren, aber sie waren nahrhaft, und es gab sie in Massen. Am Waldrand wuchsen Gräser mit Samen, die die Menschen später »Getreide« nennen sollten – wilde Weizen- und Roggenarten. Außerdem lebten im Wald viele Tiere, die man jagen konnte. Besonders im Frühsommer, wenn die Wüstengazellen in großen Herden vorbeizogen, gab es reichlich Fleisch.

Die günstigen Lebensbedingungen schufen Platz für viele in der jungsteinzeitlichen Siedlung Tell Abu Hureyra am Euphrat, die der britische Archäologe Andrew Moore im Norden Syriens ausgrub, ehe sie vom Assad-Stausee überflutet wurde. Den Menschen in Tell Abu Hureyra ging es gut, vielleicht besser als je zuvor. Es ging ihnen so gut, dass sie keine neuen Technologien oder neue Überlebensstrategien zu entwickeln brauchten. Sie lebten gewissermaßen im Garten Eden, und wahrscheinlich galt dies für alle, die damals in der Levante (auch »Morgenland« genannt) lebten.[61]

Doch plötzlich, vor ungefähr 12 800 Jahren, schlug das Klima um. Der lebensspendende Regen blieb aus, es wurde trockener und kälter, der Wald gab nicht mehr so viel her und ging zurück. Bald gab es nicht mehr genug Nahrung für eine große Siedlung wie Tell Abu Hureyra. Das Einzige, was es noch ausreichend gab, waren die wilden Getreidesorten, die Vorläufer von Weizen und Roggen. Doch es war schwierig, genug Nahrung aus den kleinen Körnern zu gewinnen. Die Menschen suchten einen Ausweg. Sie begannen, die ergiebigsten Sorten der Getreidegräser auf feuchten Feldern auszusäen. Dafür suchten sie vor allem Sorten aus, die ihre Saat nicht sofort ausstreuten, wenn sie reif waren. Schiere Not zwang die Bewohner von Tell Abu Hureyra, den Ackerbau und neue Formen der Nahrungsmittelproduktion zu entwickeln.

Einige Generationen später hatte die neue Praxis die Getreidesorten genetisch verändert. Ohne sich dessen bewusst zu sein, hatten die Menschen in Tell Abu Hureyra die ersten erfolgreichen Versuche der Getreidezucht durchgeführt. Als Jäger und Sammler nahmen sie, was die Natur von sich aus zu bieten hatte, nun waren sie Bauern geworden. Sie ahnten nicht, dass sie die vielleicht größte Revolution der Menschheitsgeschichte eingeleitet hatten – die landwirtschaftliche Revolution. Genauer gesagt war es die neolithische Revolution, mit der die Epoche der Jungsteinzeit begann.

Natürlich geschah dies nicht nur in Tell Abu Hureyra. An vielen anderen Orten des Nahen Ostens haben Archäologen Spuren derselben Entwicklung gefunden. Anhand genetischer Untersuchungen hat man versucht, den Ursprung der domestizierten Getreidesorten zu lokalisieren. Manfred Heun von der Universität Ås führt das Einkorn – den Vorläufer des heutigen Weizens – auf das Gebiet um den Vulkan Karacadağ im Südosten der Türkei zurück.

Heun zufolge ist Einkorn äußerst nährstoffreich und eignet sich hervorragend zum Bierbrauen. Letzteres ist vielleicht wichtiger, als man dachte, denn laut Heun spielte das Bier eine wichtige Rolle beim Bau des ältesten Tempelkomplexes der Welt, Göbekli Tepe, der in der Nähe des Karacadağ liegt. Seiner Meinung nach wurde dort Bier gebraut, um Arbeitskräfte zu mobilisieren, denn die Tempelanlage lag weit abseits der damaligen Siedlungen. In Göbekli Tepe wurden Tongefäße gefunden, die zu groß für die Lagerung von Getreide sind und in denen wahrscheinlich gebraut wurde. (Heun braut übrigens selbst Bier aus Einkorn.)[62]

Die Menschen in der Levante, die auch »der fruchtbare Halbmond« genannt wird, hatten Glück, weil dort etliche Arten Getreide, Hülsenfrüchte und andere Pflanzen wuchsen, die durch Domestizierung zu ertragreichen Nahrungsquellen wurden. Wie sie nur kurze Zeit später herausfanden, ließen sich auch viele der heimischen Tierarten zähmen und züchten, etwa Ziegen und Schweine. Die betreffenden Tier- und Pflanzenarten waren den Menschen seit Jahrtausenden bekannt, warum begann die landwirtschaftliche Revolution erst jetzt?

Die Antwort liegt im Klima begründet, und hier wiederum in den Veränderungen, die in der arktischen Kryosphäre stattfanden. Es war, als hätte jemand den Golfstrom plötzlich abgedreht. Die gigantische »Meeresheizung« pumpte kein warmes Wasser und damit auch kein warmes Wetter mehr in den Nordatlantik und nach Nordeuropa. Die unmittelbare Ursache für den Abbruch des Golfstroms war das viele Süßwasser, das sich im Nordatlantik über die tieferen Meerwasserschichten legte. Dadurch hörte die *thermohaline Zirkulation*, der »Motor« des Golfstroms, zumindest teilweise auf. Normalerweise sinkt das warme Salzwasser, das aus dem Süden kommt, in die Tiefe und fließt tief unter der Oberfläche zurück nach Süden, was einen »Sog« erzeugt, durch den frisches Wasser aus der Karibik nachfließt. Ein »Deckel« aus Süßwasser verhindert diesen Mechanismus: Das Oberflächenwasser sinkt nicht nach unten, der »Sog« verschwindet und der Strom bricht ab.

Die Ursache dieser »Süßwasserflut« ist jedoch umstritten. Eine Theorie besagt, dass sich das Schmelzwasser des Agassizsees – ein riesiger, prähistorischer Gletschersee in Nordamerika – mit einem Mal in den Sankt-Lorenz-Golf ergoss. Einer anderen Theorie zufolge hatte sich der polare Jetstream, ein Starkwindband in großer Höhe, nach Norden verlagert, auch dies aufgrund der Veränderungen der Eisdecke. Das Resultat war auf jeden Fall eine neue Wetterlage über dem Nordatlantik mit viel Regen. Wiederum mit der Folge, dass sich eine weitere Schicht Süßwasser auf die Meeresoberfläche ergoss.

Die klimatischen Folgen waren auf der ganzen Erde zu spüren. Die Temperaturen sanken um mehrere Grad, und tausend Jahre lang war es, als wäre die Eiszeit zurückgekommen. In Nordeuropa wurde der Wald zur Tundra. Die Silberwurz *Dryas* breitete sich massiv aus, sodass diese Periode auch nach dieser Pflanzengattung benannt wurde. Auch weiter südlich machte sich der Klimawandel bemerkbar. Im Nahen Osten wurde es zwar nicht so kalt, jedoch wesentlich trockener. Nach mehreren Tausend Jahren warmem und feuchtem Klima mit guten Wachstumsbedingungen für Pflanzen und Tiere kamen plötzlich magere Zeiten. Die Wälder schrumpften, und die Menschen mussten andere Nahrungsquellen finden. Für manche Gruppen endete dies mit dem Hungertod, andere hatten mehr Glück oder Erfindungsreichtum und brachten die Menschheit in ein neues Zeitalter.

Im fruchtbaren Halbmond der Levante brachte die Jüngere Dryas die ersten Bauern hervor. Als das Klima nach etwa tausend Jahren wieder wärmer wurde, wurden die Menschen nicht wieder zu Jägern und Sammlern, sondern fuhren mit der Landwirtschaft fort und züchteten weiterhin neue Tier- und Pflanzenarten. Die Bevölkerungszahl war durch die neuen Methoden und die Sesshaftigkeit angestiegen.

Nur ein Klimawandel, ausgelöst durch drastische Veränderungen in der arktischen Kryosphäre, zwang uns, Bauern zu werden. Die Erinnerung an diesen tiefgreifenden Wandel spiegelt sich möglicherweise noch in der biblischen Schöpfungsgeschichte. Gott straft die Menschen, indem er sie aus dem Garten Eden vertreibt und sie zwingt, die Erde zu bebauen: »Im Schweiße deines Angesichts sollst du dein Brot essen« (1. Mose 3,19).

Dies war jedoch nur der erste Schritt in die Zivilisation. Die ersten Bauern gehörten noch keiner größeren Gemeinschaft an. Sie lebten in Familiengruppen, waren größtenteils Selbstversorger und hatten wenig Kontakt mit anderen Gruppen. So ging es noch etwa 3000 bis 4000 Jahre weiter. Das Klima war optimal: Die kalten, trockenen Nordwestwinde hatten sich gelegt, stattdessen brachten Westwinde wieder Wärme und Feuchtigkeit in den Nahen Osten, wo die meisten Menschen lebten. Ihre Lebensgrundlage war besser als je zuvor. Sie hatten die Landwirtschaft, konnten nun aber zusätzlich auf Wild, Nüsse und Beeren zurückgreifen, denn die Wälder waren wieder gewachsen. Vielleicht hätten sie noch lange, lange Zeit so weitergelebt, wenn nicht gegen 6200 v. Chr. eine neue Kaltzeit eingesetzt hätte.

Wieder war es die große Eisdecke im Norden, insbesondere der Laurentidische Eisschild in Nordamerika, der sich bewegte. Der damals größte Gletscher der Welt war so weit abgeschmolzen, dass er komplett brach, und große Mengen Schmelzwasser flossen in den Sankt-Lorenz-Golf. Wieder brach der Golfstrom ab, diesmal für »nur« circa 400 Jahre, doch die Folgen waren ebenso drastisch. Die Landwirtschaft war ja bereits erfunden, und es gab wesentlich mehr Menschen als vor der letzten Eiszeit. Was sollten sie nun tun?

Manche gaben die Landwirtschaft auf und verlagerten sich komplett auf den Pastoralismus, die Naturweidewirtschaft. Sie folgten ihren Herden und begannen ein nomadisches oder halbnomadisches Dasein. Wer konnte, zog in die Nähe von Flüssen und Seen, wo es weiterhin Trinkwasser gab. Dies führte zu einer Konzentration der Bevölkerung. Die Menschen mussten lernen, in größeren Gesellschaften als dem Familienverband zu leben. Als Jäger und Sammler wäre dies kaum möglich gewesen, doch die Landwirtschaft begünstigte die Bildung größerer Gemeinschaften. Sozial und kulturell mussten sich die Menschen jedoch weiter anpassen, und so entstand die »soziale Technologie« der organisierten Religion. Im Gegensatz zur schamanistischen Religion der Jäger und Sammler entstand nun eine hierarchische Religion, in der Tabus und moralische Regeln eine wichtige Rolle spielten. Das Zusammenleben in den neuen Bevölkerungszentren brauchte handfeste Regeln.[63]

Der Nahe Osten gilt als Wiege der westlichen Zivilisation und ist daher intensiv archäologisch erforscht. Auffällig ist, dass die großen Schritte in Richtung Zivilisation immer dann kamen, wenn sich die Kryosphäre im Norden veränderte und damit im Süden Klimakrisen verursachte. Die Jüngere Dryas löste die landwirtschaftliche Revolution aus, eine weitere Kaltzeit von circa 6200 bis 5800 v. Chr. ließ die Menschen näher zusammenrücken, was schließlich zu Stadtkulturen führte. Beide Male zwang das Klima die Menschen, sich anzupassen. Und sie hatten noch weitere ähnliche Veränderungen zu erwarten, zum Beispiel Dürren, durch die die Bevölkerungsdichte in den Städten (das heißt an Wasserläufen) noch mehr anstieg, was zentralisierte politische und religiöse Strukturen begünstigte. Die Klimaschwankungen zwangen uns, unsere Zivilisation ständig weiterzuentwickeln.

Wir kennen dieses Muster aus der biologischen Evolution, wie Elisabeth Vrba im Fall Afrikas nachgewiesen hat. Arten passen sich an oder verschwinden. Diesmal jedoch, im heute noch anhaltenden Zeitalter des Holozän, lief die Anpassung anders ab. Die Menschen entwickelten keine neue Art mehr – was sowieso viel länger gedauert hätte –, sondern entwickelten sich kulturell und sozial weiter. Dies war möglich, weil das Gehirn des Homo sapiens komplex genug war, um neue Lösungen zu finden und in größeren sozialen Gruppen zusammenzuleben. Der Neandertaler schaffte dies nicht und starb aus.

Das neue Dasein war kein Zuckerschlecken, weder für die Bauern noch für die Städter, aber die Bevölkerungszahl stieg aufgrund der agrarischen Nahrungsproduktion weiter an. Insgesamt jedoch ging es diesen Menschen schlechter als ihren Vorfahren in der Jäger- und Sammler-Gesellschaft. Alle archäologischen Spuren, vor allem Skelette, deuten darauf hin. Die Bauern waren kleiner, hatten schlechte Zähne, lebten und ernährten sich einseitiger. Und sie waren arm. Der Anthropologe Marshall Sahlins nennt die Jäger-und-Sammler-Gesellschaften die »ursprünglichen Wohlstandsgesellschaften«, weil sie im Grunde alles hatten, was sie brauchten, und wahrscheinlich nicht mehr als vier bis fünf Stunden am Tag arbeiten mussten.[64] Die Bauern hingegen schindeten sich zu Tode und hatten wenig Freuden. Obwohl einige Herrscher der neuen Gesellschaftsformen im Lauf der Zeit großen Reichtum ansammelten, veränderte sich für die meisten Menschen wenig. Wirtschaftshistoriker wie Gregory Clark und Ian Morris[65] haben aufgezeigt, dass es der Mehrheit viele Jahrtausende lang nicht viel besser ging: »Dem Durchschnittsmenschen in der Welt des Jahres 1800 ging es nicht besser als dem Durchschnittsmenschen im Jahr 10 000 v. Chr. Ein Großteil der Bevölkerung war sogar ärmer als ihre fernen Vorfahren. (…) Auch die Lebensqualität hatte sich in keiner Hinsicht gebessert. Im Jahr 1800 lag die durchschnittliche Lebenserwartung auf dem Niveau der steinzeitlichen Jäger und Sammler, nämlich bei 25 bis 30 Jahren. Die durchschnittliche Körpergröße, ein Indikator der Ernährung und der Gesundheit im Kindesalter, war in der Steinzeit sogar größer.«[66]

Natürlich gab es immer bessere und schlechtere Zeiten in der Landwirtschaft, doch im Großen und Ganzen blieb der Wohlstand der Menschen von der neolithischen Revolution bis zur Renaissance auf dem gleichen Niveau. Erst danach verbesserten sich die Lebensbedingungen, jedoch nur in kleinen Schritten. Ab dem 19. Jahrhundert ging es in größeren Schritten aufwärts, wofür es viele Erklärungen gibt. Die Erfindung der Dampfmaschine war natürlich entscheidend, ebenso der vermehrte Handel und die Geldwirtschaft. Doch sogar hier könnte die Kryosphäre ein wenig die Finger im Spiel gehabt haben, und zwar durch die sogenannte Kleine Eiszeit.

Als das Eis zurückkam

Dieser Gletscher ist ein schrecklich hoher Eisberg, der über den hohen Gipfeln liegt und sich in Krondalen und Milvirsdalen den Berg hinabschiebt. Dort hat er sich immer weiter in Richtung der Täler ausgebreitet. Er ist von himmelblauer Farbe und so hart wie das härteste Gestein, mit großen Spalten und tiefen Höhlen. Überall tun sich Abgründe auf, und obwohl man versucht hat, sie zu messen, weiß keiner genau, wie tief sie sind. Von Zeit zu Zeit schiebt er sich weiter voran. Dann ertönt ein Lärm wie von Orgelwerk, und er drückt Unmassen von Erde, Geröll und Felsen aus der Tiefe, viel größer als die Häuser, die er erst recht zu Sand zermahlt.

Matthias Foss, ›Justedalens kortelige Beskrivelse‹
(›Eine kurze Beschreibung von Jostedalen‹)

So beschrieb Matthias Foss, der Pfarrer von Jostedalen, wie ein Arm des Jostedalsbreen seine Gemeinde bedrohte. Der Gletscher war ins Tal hinabgekrochen, wo er die Lebensbedingungen erschwerte und sogar Häuser zerstörte. »Im Sommer führt er ungeheure Kälte mit sich, sodass die Felder großen Schaden erleiden. Das Gras wächst kaum, und die Menschen, die dort Heu machen, müssen selbst im heißesten Sommer ihre Arbeit in Winterkleidung verrichten.«[67]

Auch kostbare Felder wurden zerstört, unter anderem, weil das Schmelzwasser »einen überaus großen Fluss bildet, ja fast ein Meer mit Getöse und großen Wellen. Mittels der großen Macht des Wassers werden nicht nur die Wege zerstört, sondern die ganze Erde unterspült, sodass Wiesen abrutschen und ganze Bäume in den Fjord gespült werden. All dies verursacht leider großen Schaden! Die meisten Felder sind schon betroffen, wenn es so weitergeht, droht die totale Zerstörung Jostedals.«[68]

Dies ist eine der erstaunlich wenigen schriftlichen Aufzeichnungen aus Norwegen über die sogenannte Kleine Eiszeit, eine Kälteperiode, die (mit großen Schwankungen) vom 14. bis zum 19. Jahrhundert andauerte und nicht nur in Skandinavien große Auswirkungen auf das Klima der nördlichen Halbkugel hatte. Die Gletscher in Skandinavien und den Alpen wuchsen so stark an, dass sie an vielen Orten direkt oder indirekt (durch Schmelzwasser) Schäden anrichteten. (Auch in Nordamerika vergrößerten sich die Gletscher, dort sind eventuelle Schäden jedoch kaum dokumentiert.) Flüsse, die heute das ganze Jahr über frei fließen, froren im Winter zu, etwa die Themse in England, auf der man zwischen 1607 und 1814 Winterfestivals ausrichtete. Auch Meeresengen, die sonst frei blieben, froren zu – 1622 sogar der Bosporus. 1780 konnte man zu Fuß über den New Yorker Hafen von Manhattan nach Staten Island spazieren, 1837/38 war der Skagerrak von Dänemark bis Norwegen komplett eisbedeckt.

Diese Ereignisse waren nicht bloß kurios. In mindestens einem Fall hatten sie auch politische Konsequenzen. Die heutigen Grenzen Norwegens können beinahe direkt der Kleinen Eiszeit zugeschrieben werden. Im Herbst 1657 marschierte eine schwedische Armee von Süden aus gegen Dänemark. Die Schweden hatten sich nach dem Dreißigjährigen Krieg Gebiete im heutigen Polen und Norddeutschland gesichert. Ihr Hauptfeind war noch immer Dänemark. Schwedens Heer war überlegen, während die Dänen die

Seehoheit genossen. Da ein Großteil ihres Landes inklusive der Hauptstadt Kopenhagen vom Meer beschützt war, fühlten sie sich durch die Schweden nicht allzu bedroht.

Doch sie hatten nicht mit dem Klima gerechnet. Der Winter 1657/58 war außergewöhnlich kalt, sodass die Meeresengen zufroren. Im Januar war das Eis sicher genug, dass der schwedische König Karl X. Gustav sein Heer über den kleinen Belt von Jütland nach Fünen schickte. Es ging *fast* gut, zwei Reiterschwadronen brachen ein und ertranken, aber der größte Teil gelangte hinüber und schlug das dänische Heer in die Flucht. Die Überquerung des viel breiteren Großen Belts lief noch besser, und das schwedische Heer gelangte fast ohne Verluste nach Seeland. Die Dänen wollten um jeden Preis vermeiden, dass die Schweden Kopenhagen einnahmen, und machten ein Friedensangebot. Im Frieden von Roskilde verzichtete Dänemark auf ein Drittel seines Territoriums, unter anderem auf Schonen und die norwegischen Landesteile Trondheims len (Trøndelag) und Bohuslän. Trondheims len ging später an Dänemark-Norwegen zurück, aber das Bohuslän blieb schwedisch.[69]

Viel schlimmer für die meisten Menschen im nördlichen Europa waren jedoch das schlechte Wetter und die Missernten, die die Kleine Eiszeit brachte. Die erste kalte und nasse Periode traf im Sommer 1315 ein und wird oft als »Der Große Hunger« bezeichnet. Bis 1322 gab es Ernteausfälle und Hungersnöte, und in ganz Europa – das damals noch nicht so viele Einwohner hatte – starben eineinhalb Millionen Menschen. An vielen Orten wurde die Bevölkerungszahl halbiert. In den folgenden Jahrhunderten kamen immer wieder Kälte- und Hungerjahre, zum Beispiel 1693–1694 in Frankreich, 1695–1696 in Norwegen und ein Jahr darauf in Schweden. In allen drei Ländern verlor ein Zehntel der Bevölkerung aufgrund der Hungersnot ihr Leben, in Finnland war es sogar ein Drittel. Mancherorts wurden die Menschen aus Not zu Kannibalen, und sogar der englische König musste einmal ganz ohne Brot auskommen.

Die Kleine Eiszeit drehte die Zeit zurück, in Grönland vernichtete sie gar die gesamte Bevölkerung. Dort hatten nordische Siedler in einer wärmeren Periode des Mittelalters eine Kolonie gegründet, in der bis zu 5000 Menschen lebten. Im 13. Jahrhundert wurden die Verhältnisse immer schlechter für die Landwirtschaft, und archäologische Funde zeigen, dass die Gesundheit der Kolonisten ebenfalls schlechter wurde, bis am Ende des Jahrhunderts keiner mehr übrig war.[70]

Auch auf Island war die Bevölkerung zeitweise vom Aussterben bedroht. Vulkanausbrüche verminderten die Erträge, aber noch schlimmer war, dass der Dorsch die kälteren Temperaturen ebenfalls nicht mochte und nach Süden zog. Dorsche fühlen sich bei einer Wassertemperatur zwischen vier und sieben Grad am wohlsten. Deshalb verschwanden sie nicht nur aus Grönland und Island, sondern auch von der norwegischen Küste. In den Niederlanden hingegen erlebte die Fischerei die besten Jahre seit Langem.

Vor allem aber zog der Dorsch in die kanadischen Küstenregionen. Europäische Fischer folgten den Schwärmen über den Atlantik, wahrscheinlich hatten baskische Fischer schon lange vor Kolumbus Amerika erreicht. Der Dorsch wurde gesalzen, getrocknet und nach Europa gebracht, wo ihn vor allem die Katholiken schätzten, denn Fisch durften sie auch freitags und zu Fastenzeiten essen.

Die Niederlande gehörten zu den wenigen Ländern, die von der Kleinen Eiszeit profitierten. Sie erlebten ihr »Goldenes Zeitalter«. Am gebräuchlichsten ist der Begriff in der Kunstgeschichte, doch es gab auch große wissenschaftliche und technologische Fortschritte, und aufgrund seiner Schiffs-

und Waffentechnik wurde das Land zur größten Kolonialmacht dieser Zeit. Dies lag nicht allein am Fischfang und Waffenbau, sondern auch daran, dass sich die niederländische Gesellschaft und Kultur besser als andere an neue Zeiten anpasste.

Die »neuen Zeiten« waren also in hohem Grad ein Werk der Kleinen Eiszeit. Die Krisen des Spätmittelalters wurden noch durch die Pest verstärkt und führten auf lange Sicht zum Zusammenbruch des Feudalismus und dem Aufkommen neuer Gesellschaftsstrukturen. Der Handel nahm immer mehr zu, die Städte und das Bürgertum gewannen an Bedeutung. Neue Schiffe und Erfindungen wie der Kompass und die Uhr machten es möglich, in die Welt hinaus zu reisen und neue Reichtümer zu erschließen. Die Macht der Kirche wurde nicht zuletzt durch die Reformation geschwächt, die zumindest teilweise eine Reaktion auf die schlechten Zeiten war.

Der vielleicht wichtigste Gesellschaftswandel vollzog sich zunächst in England, wo man in der Landwirtschaft von der Selbstversorgung zur spezialisierten Produktion (*cash crops*) überging, um die Städte gezielt zu versorgen. Dieser Teil der landwirtschaftlichen Revolution war eine Voraussetzung für die industrielle Revolution, die Mitte des 18. Jahrhunderts begann und die Welt komplett umkrempeln sollte.

Der wichtigste Auslöser der industriellen Revolution war, dass man effektive Methoden erfand, um fossile Energie zu gewinnen und zu nutzen, insbesondere Kohle. Der Großteil aller Kohle entstand in den erdgeschichtlichen Perioden Karbon und Perm, die mit viel Wärme und tropischen Regenwäldern begannen, dann aber in extreme Kälte umschlugen. Besonders kalt war es auf der Erde vor etwa 340 bis 260 Millionen Jahren, als das Eis in mehreren Zyklen anwuchs und schmolz. Die Kontinente hingen noch als Urkontinent Pangaea zusammen, der unter anderem den Südpol bedeckte. Dort bildeten sich zeitweise riesige Eisfelder, die sich bis zu 40 Grad südlicher Breite erstreckten.

Wie der Name andeutet, entstanden im Karbon ein Großteil der fossilen Kohlereserven aus abgestorbenen Pflanzen, die im Sumpf versanken und deshalb dem normalen Zersetzungsprozess entgingen. Der Meeresspiegel sank und stieg in Zyklen, sodass sich große Mengen Sediment über dem organischen Material ablagerten, es zusammenpressten und ihm das Wasser entzogen, bis fast nur noch Kohlenstoff (Carbon) zurückblieb. Bis ungefähr zum Jahr 1800 benutzte man diesen Rohstoff nur in bescheidenen Mengen. Doch mit der industriellen Revolution und neuen Methoden des Abbaus, Transports und Gebrauchs explodierte der Kohleverbrauch. Die Energie, die 300 Millionen Jahre in der Erde geschlummert hatte, wurde massiv in Gebrauch genommen.

Die industrielle Revolution beruhte mit anderen Worten auf einer Energiequelle, die vor vielen Millionen Jahren teilweise auch während einer Eiszeitperiode entstanden war. Und sie hing mit einem kleinen Klimawandel zusammen, der wiederum von Veränderungen der Kryosphäre ausgelöst wurde. Es war vorübergehend kälter, das Wetter und die Bedingungen für die Landwirtschaft waren schlecht, die Wasserwege zugefroren und die Landschaft schneebedeckt – wie wir es von niederländischen Gemälden aus dieser Zeit kennen.

Über die Ursachen dieser Kälteperiode (die nicht durchgehend kalt war, sondern große Schwankungen aufwies) sind sich die Wissenschaftler nicht einig. Manche meinen, eine Verminderung der Sonnenstrahlung durch eine Veränderung des Einfallswinkels (ausgedrückt in den sogenannten Milankovic-Zyklen) sei dafür verantwortlich, andere begründen sie mit der unterschiedlichen Aktivität der Sonnenflecken, durch die auch die Wärmeeinstrahlung variiert. Wichtig ist jedoch vor allem, dass die Durchschnittstemperatur an den meisten Orten um nur ein Grad sank – eine Bagatelle im Verhältnis zu früheren Schwankungen wie in der Jüngeren Dryas und in »echten« Eiszeiten und selbst im Vergleich zu der heute angestrebten Begrenzung der Erderwärmung auf maximal zwei Grad. Doch jenes eine Grad führte zu einer Serie von Missernten mit weitreichenden Konsequenzen, die sogar Revolutionen umfassten. (Selbst die Französische Revolution kann zu einem gewissen Grad den schlechten Jahren in der zweiten Hälfte des 18. Jahrhunderts zugeschrieben werden.)

Dass eine so kleine Veränderung derart große Folgen haben konnte, liegt vor allem daran, dass die nördlichen Breiten aufgrund der Meeresströmungen sehr empfindlich gegenüber Temperaturschwankungen sind. Dies gilt vor allem, wenn die Temperatur um den Gefrierpunkt herum schwankt, denn dann handelt es sich nicht um eine graduelle, sondern um eine Phasenveränderung. Wasser im festen Aggregatzustand ist etwas ganz anderes als Wasser im flüssigen Aggregatzustand. Schnee ist etwas anderes als Regen. Besonders für Nutzpflanzen kann der Unterschied zwischen einer Temperatur unter und über dem Gefrierpunkt eine Frage von Leben und Tod sein. Ein Grad kälter bedeutet längere Winter und eine kürzere Wachstumsperiode. Darüber hinaus gab es große Probleme aufgrund des unvorhersehbaren Wetters jener Jahre. Man wusste nie, wie das nächste Jahr werden würde.

Auf die schwierige Zeit folgte die industrielle Revolution, die der Menschheit nie zuvor gesehenen Wohlstand und ein immenses Bevölkerungswachstum bescherte. Die wichtigste Voraussetzung des neuen Wohlstandes war die fossile

Energie, deren Einlagerung die Kryosphäre vor 300 Millionen Jahren verursachte und die wir nun zu nutzen wussten. Die letzten 200 Jahre haben wir so gut wie nie zuvor auf dieser Basis gelebt. Heute aber bedroht gerade die Verbrennung der fossilen Energie (nicht nur Kohle, sondern auch Öl und Gas) die Existenz der Kryosphäre. Ein schlechter Dank unsererseits, wenn wir bedenken, dass sie uns die Grundlage unseres Wohlstands gegeben hat!

Zeitlinie: Erdgeschichte

Vor	
4500 Mio. Jahren:	Entstehung der Erde
4280 Mio. Jahren:	Wasser beginnt in der Atmosphäre zu kondensieren.
3600 Mio. Jahren:	Der erste Superkontinent (Vaalbara) entsteht.
3500 Mio. Jahren:	Erste einzellige Organismen, Prokaryoten, erste Sauerstoff produzierende Bakterien
2900 Mio. Jahren:	Erste Vereisung (Pongolum); möglicherweise erste Schneeball-Erde (globale Vereisung)
2400 Mio. Jahren:	»Große Sauerstoffkatastrophe«: erhöhte Sauerstoffproduktion
2400–2100 Mio. Jahren:	Paläoproterozoische Vereisung (auch Archaisches Eiszeitalter oder »Huronische Eiszeit« genannt); mindestens zwei globale Vereisungen
1600 Mio. Jahren:	Erste Eukaryoten (komplexe Organismen mit Zellkernen)
1000 Mio. Jahren:	Erste mehrzellige Organismen
950–570 Mio. Jahren:	Sturtische Eiszeit
542 Mio. Jahren:	»Kambrische Explosion«, Entstehung vieler neuer Arten

443 Mio. Jahren:	Der Superkontinent Gondwana vereist und verursacht ein Massensterben von Meerestieren
420 Mio. Jahren:	Erste Landpflanzen, erste Fische mit Kiefern, Insekten an Land
252 Mio. Jahren:	Vulkanische Periode, CO_2-Gehalt der Atmosphäre steigt auf 2000 ppm, Sauerstoffanteil sinkt von 30 auf 12 Prozent.
251 Mio. Jahren:	Massensterben, 90 Prozent der Meerestiere und 70 Prozent der Landtiere sterben aus.
199,6 Mio. Jahren:	Beginn des Jura (Zeitalter der Dinosaurier)
65,5 Mio. Jahren:	Wärmezeit (Paläozän/ Eozän-Temperaturmaximum), 23 Grad Celsius am Nordpol
50 Mio. Jahren:	Die Indische Kontinentalplatte stößt auf die Eurasische Platte, der Himalaya entsteht.
35,6 Mio. Jahren:	Letzte Phase des Eozän; die Temperatur sinkt um 10 Grad.
34 Mio. Jahren:	Eisbildung in der Antarktis
30 Mio. Jahren:	Australien und Südamerika trennen sich von der Antarktis.
3,9 Mio. Jahren:	Erster *Australopithecus*
3,0 Mio. Jahren:	Eiskappe in der Arktis
2,58 Mio. Jahren:	Beginn des Pleistozän (jüngstes Eiszeitalter)
2,4 Mio. Jahren:	*Homo habilis*
200 000 Jahren:	*Homo sapiens*
125 000 Jahren:	Zwischeneiszeit
22 000 Jahren:	Letztes Eiszeitmaximum

11 600 Jahren:	Ende der Eiszeit (und der Jüngeren Dryas), Beginn des Holozän
Heute:	Ende des Holozän, Beginn des Anthropozän

Unsicheres Eis

Was passiert mit der Welt des Frosts?

An einem Oktobertag ist die Temperatur in vier Stunden um dreißig Grad gesunken, das Meer ist still geworden wie ein Spiegel. Es wartet darauf, ein Schöpfungswunder aufführen zu können. Die Wolken und das Meer gleiten in einem Vorhang aus grauer, fetter Seide zusammen. Das Wasser wirkt dickflüssig und ganz leicht rötlich, wie ein Likör aus wilden Beeren. Ein blauer Nebel aus Frostrauch befreit sich aus der Wasseroberfläche und treibt über den Wasserspiegel. Danach erstarrt das Wasser. Aus dem dunklen Meer zieht die Kälte jetzt einen Rosengarten, einen aus Salzen und gefrorenen Wassertropfen gebildeten, weißen Teppich aus Eisblumen.

Peter Høeg, ›Fräulein Smillas Gespür für Schnee‹[71]

Mit diesen Worten beschreibt Peter Høeg durch die Augen von Fräulein Smilla, wie sich an der grönländischen Küste das Meereis bildet. Dabei geht es um das neue Meereis, das sich jeden Winter bildet, zusätzlich zu dem Eis, das den letzten Sommer und vielleicht auch schon viele Sommer zuvor überdauert hat. Im Winter bedecken das neue und alte Meereis zusammen fast das gesamte Polarmeer, aber auch im Sommer sind noch Teile dieses Meeres eisbedeckt. Diese Eisflächen sind in den letzten Jahren allerdings markant kleiner geworden, nicht nur in ihrer Ausbreitung, sondern auch in ihrer Dicke. Dem letzten Bericht des Arktischen Rates zufolge[72] wird das Sommereis im Jahr 2030 komplett abgetaut sein. Schon jetzt hat die Dicke des verbliebenen Meereises im Vergleich zu 1975 um 65 Prozent abgenommen. Für diejenigen, die dort oben nach Mineralien oder Öl suchen oder im Polarmeer eine neue und schnellere Schifffahrtsroute von Europa nach Asien sehen, sind das gute Neuigkeiten. Ganz anders für all jene, die sich mit der Klimaentwicklung beschäftigen.

Der Entwicklung des nördlichen Polareises – sowohl auf dem Land als auch auf dem Wasser – ist in den letzten Jahren viel Aufmerksamkeit gewidmet worden. Im November 2016 hat das Meereis vier Millionen Quadratkilometer Fläche weniger als normal bedeckt. Auch im März 2017 ermittelte die Eismessung einen Minusrekord. Und nicht nur die Fläche wird kleiner, das Eis wird auch dünner und instabiler: »Das Eissystem ist heute vollkommen anders als noch vor 20 Jahren«, sagt Harald Steen, Leiter des Zentrums für Eis, Klima und Ökosysteme am Norwegischen Polarinstitut. »Die verschiedenen Prozesse, wie das Schmelzen, Antauen oder die Eisdrift haben sich zum Schlechten verändert. Es gibt weniger Eis, das schneller treibt und auf dem mehr Schnee liegt. Das Eis schmilzt schneller und hat mehr Risse.«[73]

Dass das Meereis in seiner Ausdehnung zurückgeht, sieht man deutlich rund um Spitzbergen, wo die Meerestemperatur in den letzten Jahren rapide angestiegen ist. An die Westküste Spitzbergens gelangt kaum noch Eis, abgesehen von den Eisbergen, die beim Kalben der Gletscher entstehen. Bereits zu Beginn der Jahrtausendwende war das zu spüren. Ich war damals in Ny-Ålesund, das auf fast 79 Grad nördlicher Breite liegt und als nördlichste Stadt der

Welt gilt. Die Stadt war Ausgangspunkt vieler Expeditionen zum Nordpol, unter anderem der von Roald Amundsen und Umberto Nobile. Der Mast, an dem sie damals ihre Luftschiffe vertäut hatten, steht noch heute. Bis zu einem schweren Unglück im Jahr 1962 (das zu einer Regierungskrise in Norwegen und zum Ende der Ära Gerhardsen führte) wurde in Ny-Ålesund Steinkohlebergbau betrieben. Heute ist die Stadt eher ein internationales Forschungszentrum, wo rund 30 Menschen überwintern und ihre Freizeit in der dunklen Jahreszeit vorwiegend mit Hallenhockey verbringen. Im Sommer sind weitaus mehr Menschen in der Stadt, bis zu mehrere Hundert Forscher aus der ganzen Welt lassen sich dann hier nieder. Die Stadt wird von der Kings Bay AS betrieben. Die ehemalige Grubengesellschaft hat sich inzwischen der Forschung und Wissenschaft verschrieben.

Im Inneren des Kongsfjords, an dem Ny-Ålesund liegt, konnten die Forscher beobachten, wie der Gletscher Kronebreen immer dünner und dünner wurde, im Durchschnitt um einen Meter pro Jahr. In letzter Zeit hat sich der Gletscher überdies immer mehr zurückgezogen. Als ich in der Stadt war, hatte der Gletscherschwund gerade eine neue Insel im Fjord freigelegt. Das Meereis, das früher den Fjord bedeckte, ist verschwunden. Spitzbergen verliert Eis sowohl zu Land als auch auf dem Wasser und gleicht sich immer mehr dem norwegischen Festland an: eisfreie Häfen an der Küste und ein bergiges Binnenland, in dem die Gletscher immer weiter zurückgehen.

Spricht man vom Eis in der Arktis, meint man eigentlich zwei verschiedene Typen Eis. Das Meereis bildet sich aus gefrierendem Meerwasser und schwindet oder dehnt sich im Jahreszyklus aus. Dieses Eis steht häufig im Mittelpunkt des Interesses, weil es in den letzten Jahren deutlich zurückgegangen ist und die Prognosen darauf hindeuten, dass das Polarmeer im Sommer weitgehend eisfrei sein könnte.

Das andere Eis, das bis jetzt ein ebenso großes Areal bedeckt hat, wird von den Gletschern auf Svalbard und den anderen Inseln gebildet und natürlich vom grönländischen Inlandeis. Der grönländische Eisschild ist viele Tausend Jahre alt, mehrere Kilometer dick und variiert kaum mit den Jahreszeiten. Dieses Eis wurde über lange Zeit als Garant der Stabilität angesehen, und bis vor wenigen Jahren waren die Wissenschaftler der Ansicht, dass dieser Gletscher auf jeden Fall noch ein paar Tausend Jahre überdauern werde. Die Beobachtungen der letzten Jahre deuten aber darauf hin, dass das Inlandeis auf Grönland viel schneller schmilzt als angenommen. Große Gletscher wie der Jakobshavnsbreen – von dem vermutlich der Eisberg stammte, der die Titanic versenkt hat – fließen schneller ins Meer ab als jemals zuvor gemessen. Seine Geschwindigkeit beträgt den Wissenschaftlern zufolge bis zu 46 Meter am Tag, was 17 Kilometern im Jahr entspricht. Dies liegt unter anderem daran, dass das wärmere Meerwasser die Gletscherzunge abtauen lässt (Gletscher sind wie Flüsse, fließen aber langsamer), sodass das Gefälle größer wird und das Eis schneller ins Meer fließt. Das Abtauen findet aber auch weiter oberhalb statt. Auf der Oberfläche des Gletschers bildet sich Schmelzwasser, das durch Ritzen im Eis abfließt. Der Grund dafür ist die höhere Lufttemperatur.[74] Vergleiche mit alten Luftaufnahmen zeigen, dass die Abschmelzung an den Rändern der mächtigen Eiskappe bereits sichtbar wird. Grönland schmilzt schneller, als man es sich vorstellen kann.

Die Folgen wären dramatisch, und zwar schon lange bevor der Meeresspiegel merkbar ansteigt. Schmilzt das Eis, strömen große Mengen Süßwasser ins Meer und beeinflussen die Meeresströmungen im Nordatlantik. Der Golfstrom, eigentlich ein Teil des Nordatlantischen Stroms, wird von einem Zirkulationsmotor angetrieben, bei dem das warme Wasser aus dem Süden zunehmend salziger und schwerer wird und absinkt, bis es in tiefen Schichten wieder in Richtung Süden fließt. Kommen jetzt große Mengen Süßwasser aus Grönland oder anderen Orten der Arktis hinzu, könnte die thermohaline Zirkulation gebremst oder gar angehalten werden.

Dieses Szenario ist keine vage Hypothese, sondern hat sich im Lauf der Erdgeschichte bereits mehrfach ereignet, wie wir gesehen haben – mit der Folge, dass der Wärmetransport nach Norden geschwächt oder ganz unterbunden wurde. Der Golfstrom ist für Nordeuropa eine Art gigantische Heizung. Nur ihm ist es zu verdanken, dass es überhaupt möglich ist, so weit im Norden zu leben und sogar Landwirtschaft zu betreiben. In anderen vergleichbar nördlich liegenden Regionen wie Alaska, Kanada oder Sibirien ist es dafür viel zu kalt.

Das deutlichste Beispiel dafür habe ich in der russischen Polarstation und Bergarbeitersiedlung Barentsburg auf Spitzbergen gesehen, das viel weiter nördlich als Alaska liegt. Dort habe ich zu meiner Verblüffung gesehen, dass die Russen Kühe im Freien halten, die sogar Milch geben. Mag sein, dass russische Kühe besonders abgehärtet sind, für mich sahen sie jedoch wie ganz normale Kühe aus. Auf jeden Fall weideten sie auf 78 Grad nördlicher Breite, was nur dank des Golfstroms möglich ist. Sollte er »abgedreht« werden, bräuchten sie beheizte Ställe.

Bisher hielt man dieses Szenario noch für sehr, sehr weit entfernt. In der Arktis geschehen die Dinge mitunter jedoch sehr schnell, weil es so viele Kipppunkte gibt, durch die eine bestimmte Entwicklung plötzlich forciert und unumkehrbar wird. Studiert man die Klimageschichte, für deren

Erforschung es mittlerweile zuverlässige Methoden gibt, sieht man, dass die Arktis schon etliche sehr rasche Klimaveränderungen erlebt hat.

Ein international angesehener Fachmann auf diesem Gebiet ist Professor Eystein Jansen vom Bjerknes-Zentrum für Klimaforschung in Bergen. Das Forschungszentrum gehört zur Universität von Bergen und ist nach Vilhelm Bjerknes benannt, der dort gleich nach dem Ersten Weltkrieg die moderne Meteorologie begründet hat. Bjerknes und seine Mitarbeiter entwickelten viele Methoden und prägten Begriffe, die die Meteorologen und Klimaforscher noch heute benutzen. Begriffe wie »Front« (Warmfront, Kaltfront) sind noch deutlich vom Krieg geprägt, doch auch in der Atmosphäre geht es mitunter hart zu, wenn kalte und warme Luftmassen aufeinanderstoßen.

In Bergen besuche ich Professor Jansen, von dem ich viel gelernt habe, als ich vor ein paar Jahren einen Fernsehbeitrag über den Golfstrom erstellte.[75] Unter anderem nahm er mich zu einem Klimaforschungsseminar in Spanien mit, auf dem ich eine gute Einführung in die Komplexität des Themas bekam und lernte, wie viele unterschiedliche Disziplinen berücksichtigt werden müssen. Die Klimaforschung umfasst zahlreiche Themenbereiche, von der Geologie (Jansen selbst ist Geologe) über die Glaziologie, Geophysik und Computermodellierung bis hin zur Botanik. (Klimahistoriker werten botanische Spuren aus.)

Jansen zeigte mir auch, wie man Sediment-Bohrkerne analysiert. In einem Bohrkern aus den Sedimenten des Sees Kråkenesvatnet auf Vågsøy fanden sich deutliche Spuren der jüngeren Dryas-Epoche vor 12 800 Jahren. Später war Jansen auch an den Arbeiten des UN-Klimarats IPCC beteiligt und wurde schließlich einer der Hauptautoren der jährlichen Berichte.

Jansen hat frühere Klimaschwankungen erforscht, die oft sehr rasch eingetreten sind. Temperaturschwankungen von zehn bis 15 Grad im Laufe eines Jahrzehnts waren nichts Besonderes. Davon sind wir in der außergewöhnlich stabilen Phase des Holozäns (die letzten 11 600 Jahre) bisher verschont geblieben. Deshalb haben wir uns an den Gedanken gewöhnt, dass sich das Klima nur langsam und linear verändert. Wir bilden uns ein, dass sich das Klima weiterhin nur langsam verändert, also hoffentlich nur um ein paar Grad. Weil sich das nicht so schlimm anhört, erkennen wir nicht wirklich, welche Herausforderungen das Klima an uns stellt.

Jansen ist Experte für die Auswertung von Sedimentkernen aus dem Meeresboden, in denen unter anderem die Reste von Kleintieren Indizien über die klimatischen Verhältnisse der unterschiedlichsten Perioden geben können. Man weiß, unter welchen klimatischen Bedingungen welche Tiere gelebt haben, und so weiter. Indem man Rohre tief in den Meeresboden bohrt, kann man Bohrkerne ziehen, die wie eine Kartothek über das Klima früherer Zeiten Auskunft geben. Eine ähnliche Technik wird von dänischen Wissenschaftlern im Eis verwendet. Sie analysieren seit Jahrzehnten Bohrkerne aus dem Grönlandeis und ziehen so Rückschlüsse auf das Klima vergangener Jahrtausende. Staubschichten verraten ihnen, aus welcher Richtung der Wind kam, und aus den im Eis eingeschlossenen Luftblasen lassen sich der CO_2-Gehalt der Atmosphäre und die Temperatur der jeweiligen Periode ableiten.

Zurzeit arbeiten die dänischen Forscher des Niels-Bohr-Instituts, die weltweit führend in der Analyse von Eisbohrkernen sind, mit Jansen und anderen Forschern des Bjerknes-Zentrums zusammen. Das gemeinsame Forschungsprojekt trägt den Namen Ice2Ice und wird mit 12,5 Millionen

Euro durch das prestigeträchtige EU-Forschungsprogramm ERC Synergy Grants gefördert. Mit diesem Projekt versucht man zu erforschen, was die zahlreichen drastischen und raschen Klimaänderungen, die sowohl die Dänen als auch die norwegischen Paläoozeanographen nachgewiesen haben, während der Eiszeiten ausgelöst haben. Der Name Ice2Ice steht stellvertretend für die Arbeitshypothese des Projekts. Man geht nämlich davon aus, dass die Eisentwicklung in der Arktis – das Meereis und das grönländische Inlandeis – der Schlüssel für diese Klimaänderungen sind.

Die letzte Eiszeit war keine stabile Kaltzeit: Sie umfasste mehrere drastische Klimaänderungen, die bis jetzt nicht erklärt werden können. Insbesondere die Dansgaard-Oeschger-Ereignisse (benannt nach den Entdeckern) sollen im Ice2Ice-Projekt erforscht werden. Bei diesen Ereignissen handelt es sich um rasche Klimaerwärmungen, gefolgt von ebenso raschen Abkühlungen im Abstand von rund 1500 Jahren. Man sieht gewisse Parallelen zur heutigen Situation und hofft, dass die Erkenntnisse aus dem Projekt helfen können, bessere Modelle für die zukünftige Klimaentwicklung zu erarbeiten.

Ein entscheidender Faktor ist der Albedo-Effekt. Von Schnee bedecktes Meereis kann bis zu 90 Prozent der Sonnenstrahlung reflektieren, im Gegensatz zum offenen Meer, das einen Großteil der Strahlung und damit Wärme aufnimmt. Wenn wir bedenken, dass das Meereis im nördlichen Polarmeer eine Fläche in der Größe der Antarktis bedecken kann, wird klar, welchen Einfluss dies auf die Temperatur haben kann. Weniger Eis und Schnee bedeutet mehr Wärme – ein sich selbst verstärkender Prozess.

Ein anderer Grund, weshalb das Meereis das Klima beeinflusst, ist die Tatsache, dass das Eis wie ein Deckel auf dem Meer liegt und den Wärmeaustausch zwischen Meer und Atmosphäre verhindert. Denn das Wasser unter dem Eis kann durchaus warm sein. Das Ganze ist aber recht komplex. Zum Beispiel kann die weiter oben erklärte thermohaline Zirkulation gestört werden. Als der Golfstrom während der sogenannten Misox-Schwankung (vor 8200 Jahren) unterbrochen wurde, hatten sich große Mengen Süßwasser aus Nordamerika wie ein Deckel über das Salzwasser geschoben. Die Folge war ein rascher Temperaturabfall im Norden. Aber warum kam es gerade während der Eiszeit zu diesen schnellen Schwankungen, und könnte so etwas auch in der heutigen Zeit passieren?

Die Wissenschaftler halten dies durchaus für möglich, und zwar aus mehreren Gründen: Süßwasser kann sich in großen Mengen auf das Salzwasser legen, wenn der Zustrom vom Grönlandeis, anderen Gletschern und arktischen Flüssen bedingt durch die Erwärmung zunimmt. Ein anderer möglicher Grund ist das Ansteigen der Meerestemperatur, wodurch die stabile Schichtung, die jetzt die nördlichen Meere prägt, zusammenbrechen könnte.

Es gibt noch weitere Unsicherheitsfaktoren. Einer davon betrifft die Frage, inwieweit die Luftströmungen beeinflusst werden können. Wir haben in den letzten Jahren gesehen, dass der polare Jetstream, eine Welle von Luftströmungen in der oberen Troposphäre (der unterste Teil der Atmosphäre) – ein Bereich, in dem kalte Polarluft auf wärmere Luft aus dem Süden stößt –, stärkere Schwingungen ausbildet und weiter nach Norden und Süden ausschlägt. Dies hat zu ungewöhnlich hohen Temperaturen auf Spitzbergen und unnormal tiefen Temperaturen an anderen Orten geführt. Generell nehmen Extremwetterlagen zu, mit Rekordwerten bei Temperatur, Niederschlag und Wind. Natürlich besteht auch die Gefahr, dass höhere Meerestemperaturen das Abschmelzen des Gröndlandeises noch weiter beschleunigen, weil das warme Wasser die Gletscherzungen, die das Meer erreichen, schneller abtaut und so auch die Gletscherdrainage antreibt.

Das Klima in der Arktis ist komplex und kann rasch umschlagen. Genauso gut kann die Erwärmung irgendwann kippen und einer erneuten Abkühlung weichen, wie es schon oft der Fall war. Jansen und seine Kollegen hoffen darauf, diese Vorgänge besser erklären zu können. Ob sie in der Lage sind, exakt herauszufinden, *wann* der Kipppunkt sein wird, ist noch unsicher. Ihre Forschung zeigt aber bereits jetzt, dass wir in der Arktis nichts als gegeben voraussetzen dürfen. Das Reich des Frosts kann zurückschlagen, und das schneller und härter, als wir glauben.

Dies gilt auf jeden Fall für die nördliche Halbkugel. Was die Antarktis betrifft, hat man das Eis bis heute für stabiler gehalten. Man war der Meinung, dass es Tausende von Jahren dauern werde, bis dort merkbare Veränderungen eintreten.

In letzter Zeit sind aber auch rund um den Südpol beunruhigende Beobachtungen gemacht worden. Insbesondere das Eis, das weit ins Meer reicht, wie die Eiszungen der westlichen Antarktis und der Antarktischen Halbinsel, zeigt Schwächen. Besonders betroffen scheinen die drei Larsen-Gletscher an der Ostküste der Antarktischen Halbinsel zu sein. Die Gletscher sind nach dem norwegischen Kapitän Carl Anton Larsen benannt, der im Dezember 1893 mit seinem Walfangschiff Jason bis in 68 Grad, 10 Minuten südlicher Breite vordrang. Von Nord nach Süd werden die drei Gletscher Larsen A (der kleinste), Larsen B und Larsen C (der größte) genannt. Diese Gletscher sind zunehmend aufgebrochen und teilweise kollabiert.

Es begann damit, dass Larsen A sich im Januar 1995 aufzulösen begann. Der nächste war Larsen B, er kollabierte im

Februar 2002. Und inzwischen hat auch Larsen C tiefe Brüche bekommen und beginnt sich aufzulösen. Allein dieser Gletscher bedeckt einen Bereich von 50 000 Quadratkilometern. Während man ihn früher für stabil hielt, zeigen Beobachtungen aus dem Jahr 2016 einen wachsenden Spalt, der zum damaligen Zeitpunkt bereits eine Länge von 110 Kilometern aufwies. Mittlerweile ist ein Bereich von 6000 Quadratkilometern (mehr als das Doppelte der Fläche des Saarlandes) abgebrochen. Entstanden ist so einer der größten Eisberge, der jemals beobachtet wurde.[76]

Die Ablösung als solche hat keinen großen Effekt, schließlich handelt es sich ja um Eis, das schon jetzt auf dem Meer liegt. Ein Anstieg des Meeresspiegels ist dadurch nicht zu erwarten. Aber durch die Ablösung dieser Scholle ist das verbleibende Eis anfällig für weitere Zersetzungen. Verschwindet das gesamte Schelfeis, würde dies dazu führen, dass das Festlandeis, das die Gletscherzunge jetzt stabilisiert und an ihrem Platz hält, in Bewegung gerät und frei in Richtung Meer fließen kann. Auch andere Bereiche am Rand der Antarktischen Halbinsel und der westlichen Antarktis haben in der letzten Zeit Zeichen von Instabilität gezeigt. 2008 löste sich eine große Scholle des Wilkins-Gletschers an der Westseite der Antarktischen Halbinsel, und im Oktober 2016 zeigten Messungen der NASA, dass drei Gletscher in der Westantarktis, Smith-, Pope- und Kohler-Gletscher, zu schmelzen begonnen haben.

Die Ostantarktis, in der ein Großteil des Eises (nicht nur der Antarktis, sondern der gesamten Welt) lagert, wirkt stabiler. Dort haben die Wissenschaftler kaum Anzeichen für ein Abschmelzen der Gletscher gefunden. Ein australisch-amerikanisches Forscherteam hat aber am Totten-Gletscher, dem größten Gletscher der Ostantarktis, seltsame Phänomene festgestellt. Auch hier stellt der Gletscher so etwas wie eine Barriere für das restliche Eis dar und verhindert ein Abströmen ins Meer. Dieser Gletscher scheint derzeit um 63 bis 80 Millionen Tonnen Eis pro Jahr zu verlieren, was etwa zehn Metern Eisdicke pro Jahr entspricht.

Der Grund für dieses Abschmelzen konnte inzwischen ermittelt werden: Warmes Meereswasser strömt unter den Gletscher und taut ihn von unten auf. Die Antarktis war bislang durch kalte Meeresströmungen geschützt, doch dies scheint sich zurzeit zu ändern.[77]

Wenn die Gletscherzunge abtaut, wird der größte Gletscher der Welt beginnen, ins Meer zu fließen, was einen Anstieg des Meeresspiegels um 3,5 Meter bewirken kann – nur durch diesen einen Gletscher! Wie lang dies dauern wird, ist unklar. Ähnliches könnte vor rund drei Millionen Jahren geschehen sein, als der Meeresspiegel im Lauf kurzer Zeit um 22 Meter anstieg, obwohl die globale Mitteltemperatur nur zwei Grad höher war als heute – ein Temperaturanstieg also, der innerhalb der sogenannten Zwei-Grad-Grenze liegt.[78]

Sowohl in der Arktis als auch in der Antarktis ist in den letzten Jahren beobachtet worden, dass sich die Dinge viel schneller ändern können als bisher angenommen. Man hat Mechanismen in den geophysischen Systemen entdeckt, die sich selbst verstärken und beschleunigen. Wenn das Eis schmilzt, beeinflusst dies sowohl die Albedo als auch die Meeres- und Luftströmungen. Wer die Geschichte des Klimas studiert, weiß, dass es immer wieder ebenso rasche wie dramatische Klimaveränderungen gegeben hat.

Vielleicht ist ein solcher Klimawechsel bereits im Gange. Die Klimasysteme sind derart komplex, dass wir nichts mit Sicherheit sagen können, wahrscheinlich ist aber, dass die Kryosphäre weiter abnimmt, auf jeden Fall noch eine ganze Zeit lang. Welche Auswirkungen wird dies für die Umwelt und die Menschen auf der ganzen Welt haben? Wie wir gesehen haben, sind nicht nur die Samen mit ihren Rentieren und andere arktische Völker von der Kryosphäre abhängig. Besonders jene Menschen, die in der Nähe von Außenposten der Kryosphäre leben, wie den Gebirgsketten in Asien und Amerika, werden es am eigenen Leib spüren, wenn Eis und Schnee verschwinden.

Das Dach der Welt schmilzt

Es ist eine neue und interessante Entdeckung, dass die Erwärmung mit der Höhe über dem Meer ansteigt. Dies stimmt mit den Beobachtungen überein, dass sich die meisten Gletscher in Tibet und im Himalaya zurückziehen.

Lonnie Thompson

Nur wenige Naturphänomene haben die gleiche Anziehungskraft wie die Gebirgsgletscher. Zu den wichtigsten Touristenattraktionen Norwegens zählen die Ausläufer des Jostedalsbreen: Briksdalsbreen und Nigardsbreen. Noch aus Asien kommen Besucher zu Tausenden, um diese Gletscher zu sehen oder eine Wanderung auf ihnen zu wagen, wenn die Verhältnisse es zulassen. Die Norweger pilgern in Scharen zum Hardangerjökul, um dort den Nationalfeiertag am 17. Mai zu feiern und am Festumzug teilzunehmen. Die Gletscher stehen für Schönheit und Gefahr gleichzeitig. Kant sprach vom »Erhabenen«. Die Gletscher existieren seit Tausenden von Jahren (glauben wir, dabei sind einige davon deutlich jünger). Sie sind die Reste der Eiskappe, die vor rund 20 000 Jahren ganz Nordeuropa bedeckte und bis zu mehrere Kilometer dick war.

Die Gletscher locken, und die Touristen wollen so nah an sie heran wie nur möglich. *Zu nah*, wie sich immer wieder herausstellt. Fast jedes Jahr kommt es zu Unfällen, bei denen

Touristen von Eisblöcken verschüttet werden. Vielleicht haben sie ihr Selfie bekommen, aber das war dann auch ihr letztes Lebenszeichen. Die Gletscher leben, sie sind wie Flüsse, nur eben viel langsamer. Ihre Geschwindigkeit richtet sich nach einer anderen Uhr.

Dass Gletscher in den Bergen instabil und gefährlich sein können, wissen die Sherpa – das nepalesische Gebirgsvolk, das reiche Touristen (oder zumindest deren Gepäck) auf die Gipfel des Himalaya trägt – sehr genau. Im April 2014 begrub ein Eissturz 16 Sherpas am Everest Base Camp unter sich, und solche Eisstürze sind nicht selten. Als aber zwei naheliegende Gletscher barsten und große Eismengen ins Tal stürzten – so geschehen im westlichen Tibet im Juli und September 2016 –, waren alle überrascht. Westtibet galt nämlich als eine stabile Region, was die Gletscher angeht. Im Gegensatz zu anderen Teilen Tibets und des Himalaya hatte man dort kein Abschmelzen der Gletscher bemerkt. Man war der Meinung, dass die dortigen Gletscher sogar wüchsen – so sah es jedenfalls auf den Satellitenbildern aus.

Einer der wichtigsten Prozesse findet aber am Grund der Gletscher statt und ist von oben nicht sichtbar. Das behauptet der renommierte Glaziologe Lonnie Thompson von der Ohio State University. Gemeinsam mit chinesischen Kollegen wurde er nach Tibet eingeladen, um die Ursachen des angesprochenen ersten Gletscherkollaps' zu untersuchen, der am 16. Juli 2016 am Arun-Gletscher stattfand und bei dem neun Hirten im Tal ums Leben kamen. Noch im Dezember desselben Jahres veröffentlichten die Wissenschaftler einen Artikel im *Journal of Glaciology*. Sie waren zu dem Schluss gekommen, dass die Hauptursache des Gletscherkollaps' aller Wahrscheinlichkeit nach die globale Erwärmung sei.[79] So große Eismassen – 70 Millionen Tonnen – können nur dann derart schnell abbrechen und innerhalb von fünf Minuten ein ganzes Tal verschütten, wenn das Eis von unten durch Schmelzwasser »geschmiert« wird. Temperaturmessungen zeigten, dass die Temperaturen in der Umgebung der Gletscher im Lauf der letzten 50 Jahre um rund 1,5 Grad gestiegen waren. Ein Beweis, dass der Kollaps kein Zufall war und tatsächlich mit der Erwärmung zusammenhängt, kam im September, als ein benachbarter Gletscher auf die gleiche Weise kollabierte.

Thompsons Schlussfolgerung beruhte auf solidem Material, das er jahrelang gesammelt hat, da er schon früher mit chinesischen Kollegen umfangreiche vergleichende Studien von Gletschern am »dritten Pol« der Erde unternommen hatte, wie die Regionen Himalaya, Tibet und die etwas westlicher liegenden Karakorum- und Pamirgebirge auch genannt werden. Diese von *Yan Tandong* vom chinesischen Wissenschaftsministerium in Peking geleiteten Studien sind die umfassendsten Gletscherstudien am Dach der Welt.[80]

Der Status der Gletscher dieser Region wurde immer wieder diskutiert. Ein Problem ist die fehlende Datengrundlage. Westliche Glaziologen hatten bis vor Kurzem keinen Zugang, sodass sie die Ausgangslage nicht kennen und folglich auch keine Massenbilanzen der Gletscher erstellen können. Des Weiteren weiß man nicht, wie groß die Ausdehnung der Gletscher oder deren Dicke einmal gewesen ist. Außerdem stand den einheimischen Forschern nicht die Methodik für Messungen zur Verfügung, mit denen vergleichende Studien möglich gewesen wären. Deshalb sind die Prognosen über die Eisentwicklung auf dem Dach der Welt von Unsicherheit geprägt und teils widersprüchlich, was es leichter gemacht hat, die düsteren Szenarien unter den Teppich zu kehren. Ein Beispiel, das immer wieder genannt wird, ist der Fehler im Bericht des Weltklimarates aus dem Jahre 2007. Dort steht, dass die Gletscher bis zum Jahr

2035 verschwunden sein werden. Dabei müsste es 2350 heißen! Obwohl auch diese Prognose nur auf einer vagen Datenbasis gemacht wurde, wird immer wieder auf diesen Fehler hingewiesen. Interessanter ist, dass in der Folge durchgeführte Messungen und Prognosen zu ganz anderen Ergebnissen gekommen sind:

Ein Beispiel bietet die Satellitenstudie GRACE (Gravity Recovery and Climate Experiment), die zu dem Schluss kam, dass das Abschmelzen der Gletscher nicht so schnell vor sich gehen wird.[81] Aber laut Thompson hat auch diese Studie gravierende Defizite. Zum einen war der Zeitraum der Untersuchung mit nur sieben Jahren nicht lang genug. Klimaforscher arbeiten in der Regel mit Zeitserien von mindestens 30 Jahren, um *wetterbedingte Phänomene* (das Wetter variiert stark von Jahr zu Jahr) von *Klimafolgen* (das Klima verändert sich deutlich langsamer) unterscheiden zu können. Zum anderen gab es in der Studie eine Fehldeutung der Signale vom Boden. Tandong äußerte sich dazu nach eigenen Feldstudien, die ein ganz anderes Bild ergeben hatten: »Da die GRACE-Satelliten nur die Gravitationskraft messen und den Unterschied zwischen Eis und fließendem Wasser nicht erkennen können, kam es zu Fehlern. So sind die Seen, die sich bilden, wenn Gletscher schmelzen, als Eis gewertet worden.«[82] Eine Folge des Abschmelzens von Gletschern sind aber natürlich solche Seen.

Tandong und Thompson sind in ihren Feldstudien zu einem ganz anderen Ergebnis als die GRACE-Studie gekommen: Nach der Auswertung von Daten, die über 30 Jahre gesammelt worden waren und von mehr als 7000 Gletschern in Tibet, im Himalaya, Karakorum und dem Pamir stammen, haben sie ermittelt, dass der totale Eisverlust seit den 1970er-Jahren rund neun Prozent beträgt. Diese Zahl verbirgt aber große regionale Unterschiede, die durch unterschiedliche Klimaentwicklungen bedingt sind. Zum Beispiel hat auf der Westseite der Gebirgskette, im Pamir (das größtenteils in Tadschikistan liegt), der Westwind zugenommen, was zu immer stärkeren Niederschlägen geführt hat. Deshalb sind die Gletscher dort nicht wesentlich abgeschmolzen.

Ganz im Gegensatz zu den südlichen und östlichen Regionen des Himalaya und Tibets, wo die Temperaturen gestiegen sind, sodass viele Gletscher merkbar zurückgegangen sind. Dies gilt nicht nur für die Oberfläche, sondern auch für die tiefen Regionen der Gletscher, was Thompson und seine Kollegen mit Bohrungen nachgewiesen haben. Ein Beispiel ist der Naimona'nyi-Gletscher, der mit seinem Schmelzwasser den Indus speist, die Lebensader Pakistans. Dieser Gletscher zieht sich seit 30 Jahren jedes Jahr um fünf Meter zurück. Thompson hat dort Bohrungen vorgenommen und entdeckt, dass an vielen Stellen bereits Hohlräume im Eis entstanden sind, in denen sich das Schmelzwasser sammelt – wodurch das Abschmelzen zusätzlich beschleunigt wird. »Die Folge ist, dass die Gletscher viel schneller abschmelzen, als dies durch den Rückzug sichtbar wird. Sie nehmen an Dicke ab, und dies von unten und oben, sodass das Eisvolumen immer kleiner wird.« Er fügt hinzu, wie wichtig das für die Wasserressource des Indus sei, da in der trockenen Jahreszeit rund 40 Prozent des Wassers dieses Flusssystems von den Gletschern komme.[83]

Thompsons und Tandongs Studien zeigen, dass ein Trend, der in den letzten 150 Jahren (also seit dem Ende der Kleinen Eiszeit) sichtbar wurde, anhält und sich vermutlich beschleunigt. In einer Studie des International Centre for Integrated Mountain Development (ICIMOD) und des Umweltprogramms der UNO (UNEP) kam man zu dem Schluss, dass die Gletscher des Himalaya seit dem Ende der Kleinen

Eiszeit im Durchschnitt um einen Kilometer geschrumpft sind.[84]

Diese Schlussfolgerung wird auch durch eine gerade erst abgeschlossene norwegisch-indische Studie gestützt (GlacIndia), die von Professor Atle Nesje von der Universität Bergen geleitet wurde. Nesje ist unweit des Jostedalsbreen in Olden aufgewachsen und studiert schon sein Leben lang die Dynamik der Gletscher, wie sie wachsen und sich zurückziehen. In dem Projekt im nordwestlichen Himalaya haben die Wissenschaftler insbesondere den Gletscher Chhota Shigri untersucht, über viele Jahre hinweg eine Massenbilanz erstellt, mit meteorologischen Daten verglichen und daraus Rückschlüsse auf die Gletscherentwicklung im gesamten Holozän gezogen, also in den letzten 11 600 Jahren. Solche Daten waren bislang Mangelware, sodass genaue Prognosen kaum möglich waren.

Der Chhota Shigri fließt nach Norden ab und liegt teilweise im Schatten des Monsuns. Das heißt, dass er nur wenig vom Monsun-Niederschlag abbekommt und nur bei Westwetterlagen von Niederschlägen profitiert. Das Schmelzwasser fließt in den Indus. Die Wissenschaftler erstellen die Massenbilanz des Gletschers seit 1955. Der Trend zeigt eine stärkere Abnahme seit der Jahrtausendwende, die Massenbilanz kommt in dieser Zeit auf Werte von minus 0,6 Meter (Wasseräquivalent) pro Jahr, was einer Verdopplung der Abnahme gegenüber den Jahren 1955 bis 1999 darstellt. Da in dieser Region grundsätzlich wenig Niederschlag fällt und sich die Niederschlagsmengen nur wenig geändert haben, ist davon auszugehen, dass das vermehrte Abschmelzen mit den wärmeren Temperaturen zu tun hat: ganze zwei Grad im Lauf der letzten 60 Jahre. Auch am »dritten Pol« steigen die Temperaturen schneller als im weltweiten Durchschnitt.[85]

Alles deutet darauf hin, dass auch das Dach der Welt abschmilzt. Die Gletscher, die es dort seit Tausenden von Jahren gibt und die als eine Art Wasserturm für Milliarden von Menschen in Südasien und China fungieren, gehen merkbar zurück, ohne dass wir mit Sicherheit sagen können, wie lange es dauern wird, bis sie verschwinden. Zunächst wird sich das Abschmelzen – insofern es anhält – nicht als Wassermangel bemerkbar machen, sondern eher das Gegenteil bewirken: Es wird häufigere und schlimmere Hochwasser geben, weil mehr Schmelzwasser in den Flüssen ist. Das größte Problem ist dabei in der Regel nicht das Wasser selbst, sondern die Feststoffe (Eis, Stein, Kies und Erde), die es mit sich führt. Wie nach dem Kollaps der erwähnten Gletscher in Tibet oder dem Eissturz am Everest Base Camp. An anderen Orten sind gefährliche Bedingungen entstanden, nachdem Eisstürze gemeinsam mit Kies und Sand Dämme aufgeschüttet und das abfließende Wasser aufgestaut haben. Bricht das aufgestaute Wasser durch, führt dies talabwärts zu Katastrophen. Diese sogenannten »glacial lake outburst floods (GLOFs)« sind in Nepal bekannte Phänomene. Allein in den letzten Jahren hat es 21 solcher Vorfälle gegeben.[86] Auch in der Himalaya-Region sind mittlerweile 200 aufgestaute Gletscherseen kartiert worden, deren Dämme durchzubrechen drohen – mit katastrophalen Folgen für alle, die sich talabwärts befinden.[87]

Erst nach dem Ende der ersten Abschmelzphase, dem Kollaps der Gletscher und den damit verbundenen Sturzfluten, wird das eigentliche Problem sichtbar werden, nämlich der Wassermangel in den trockenen Monaten, der bis zu 1,4 Milliarden Menschen betreffen kann. Über viele tausend Jahre hinweg, seit dem Ende der letzten Eiszeit, haben die Gletscher auf dem Dach der Welt ihre Aufgabe als Wasserspeicher für mehrere alte und mächtige Zivilisationen erfüllt, vom Industal bis nach China. Und noch heute halten sie mindestens ein Fünftel der Erdbevölkerung am Leben. Man hat nie genau gemessen, wie viel Wasser aus den Gletschern und dem periglazialen Milieu (den gefrorenen Böden in der Nähe der Gletscher) abfließt. Doch darf man in diesem Zusammenhang nicht nur an die reine Wassermenge denken. Wichtig ist auch, dass die Glazialregionen Wasser in Zeiten liefern, in denen wenig Regen fällt und die Schneeschmelze längst abgeschlossen ist.

Dies gilt für Gletscher in aller Welt: Zentralasien, Türkei (wo die Quellgebiete zweier der wichtigsten Flüsse der Geschichte liegen – Euphrat und Tigris), die Alpen, Japan, Neuseeland, ja sogar Afrika, wo zum Beispiel einer der Quellflüsse des Nils vom Ruwenzori-Gletscher in Uganda gespeist wird. Auch in Indonesien gibt es Gletscher, ja sogar in Australien (und auf einigen Inseln im Indischen Ozean).

Am wichtigsten ist dieser Sachverhalt aber vielleicht für Nord- und Südamerika. So erhielt die Wüstenstadt Las Vegas ihren Namen nach einer typischen Landschaft (*vegas* = Wiesen), versorgt durch Schmelzwasser, wie man sie auch in den Anden findet. 90 Prozent des gesamten Wassers, das in Peru genutzt wird, stammt aus Gletschern, während die Hauptstadt Boliviens, La Paz, ein Drittel ihres Wassers den Gletschern zu verdanken hat. Sogar die Einwohner von Mexico City trinken Gletscherwasser, obwohl die Gletscher weit entfernt sind.

Erst in den letzten Jahren ist uns die Bedeutung der Gletscher in den Gebirgen bewusst geworden. Dafür haben insbesondere Geschehnisse in Amerika gesorgt: die Wasserkrise in Kalifornien und den Anden sowie die Konflikte um Bodenschätze und Gletscherschutz zwischen Argentinien und Chile.

Unsichtbare Gletscher und Umweltaktivisten

Trotz ihrer entscheidenden Rolle für die Stabilität der Umwelt sind die Gletscher nur selten Bestandteil unseres Umweltbewusstseins und genießen nur wenig Schutz.

Jorge Daniel Taillant

»Sehen Sie die Zunge?«, fragt Connie. Ich blicke nach oben in das Tal zwischen den Berggipfeln und ja, ich sehe eine glänzende Wölbung. Sie ragt aus etwas heraus, das für normale Menschen aussieht wie eine Ansammlung von Steinen und Schotter. Laut Connie Millar, die seit 40 Jahren hier oben forscht, ist diese »Zunge« hingegen ein wichtiges Indiz für etwas, von dessen Existenz ich bis dahin nichts wusste: ein »unsichtbarer« Gletscher oder Steingletscher. »Wir erkennen das auch an der Vegetation«, fährt sie fort. »Auf der Oberfläche des Gletschers wächst nichts, während das Schmelzwasser den Bereich unterhalb recht fruchtbar macht. Wir waren auf dem Gletscher und haben Messungen durchgeführt. Unter den Steinen befindet sich tatsächlich Eis.«

Wir sind in der kalifornischen Sierra Nevada auf 3000 bis 4000 Metern Höhe. Connie und ihr Kollege Bob kennen die Gegend wie ihre Westentasche. Die Wissenschaftler sind Angestellte der Staatlichen Waldbehörde und arbeiten jedes Jahr mehrere Monate in einer Forschungsstation am Mono Lake, um die dortigen Gletscher zu beobachten.

Gletscher in Kalifornien? Mit dem Sonnenstaat verbindet man nicht gerade Eis. Dass in den Bergen Schnee fällt, ist bekannt, aber Gletscher vermutet man eher in kälteren Regionen. Außerdem ist nirgends Eis zu sehen, wenn man die Berge in Richtung Reno oder Las Vegas überquert. Dabei gibt es neben den Steingletschern auch ganz normale Gletscher wie den Lyall Glacier, der aber von den üblichen Reiserouten aus nicht zu sehen ist. Doch zurück zu den Steingletschern. Es handelt sich dabei um Gletscher, die von Steinen und Schutt bedeckt sind und die auch weitgehend aus Steinen bestehen, nur dass diese eben durch Eis miteinander verbunden sind. Trotzdem können diese Gletscher aktiv sein, sich bewegen, wachsen und schrumpfen. Und sie tragen nicht unwesentlich zur Wasserversorgung Kaliforniens bei, was Connie und ihr Kollege Bob seit Jahren den Behörden und der Bevölkerung klarzumachen versuchen – bis jetzt ohne Erfolg.

Solche Gletscher gibt es auf der ganzen Welt. In den Alpen, auf Spitzbergen und auch in Kalifornien. Sogar auf dem Mars hat man Strukturen ausgemacht, die man für Steingletscher hält. Steingletscher sind keine bloßen Kuriositäten, sondern wichtige Bausteine der Ökologie und Hydrologie. Sie beeinflussen das Tier- und Pflanzenleben – einige Arten würden verschwinden, sollte es diese Gletscher nicht mehr geben – und tragen ebenfalls dazu bei, dass Menschen in den trockenen Jahreszeiten Wasser bekommen.

In Chile sind es Steingletscher, von denen die Hauptstadt, Santiago, ihr Wasser bekommt. Und auch an vielen anderen Orten, wie in Kalifornien, sind Steingletscher wichtiger, als die Menschen es ahnen.

Sogar unter Glaziologen sind Steingletscher so »neu«, dass man noch nicht richtig weiß, wie sie entstehen. Man nimmt an, dass es ursprünglich normale Gletscher waren, die sich zusammenziehen, wodurch die Steine, die früher im Gletscher verteilt waren, konzentriert werden. Eine andere Möglichkeit ist, dass Bergstürze und Steinlawinen auf die Gletscher niedergehen und darin einfrieren.

Entscheidend ist aber, dass diese Gletscher ein ganz eigener Typ sind, der nicht verwechselt werden darf mit Gletschern, auf die einfach nur irgendwelche Steine gefallen sind. »Sie leben ihr eigenes Leben und bewegen sich, wenn auch langsamer als normale Gletscher.« Sie variieren mit den Jahreszeiten, tauen etwas an und gefrieren wieder. Genau wie andere Gletscher fungieren sie als Wasserreservoir und halten damit Ökosysteme, Landwirtschaft und Bevölkerung am Leben.

Ich selbst habe zum ersten Mal durch Jorge Daniel Taillants Buch ›Glaciers. The Politics of Ice‹[88] von unsichtbaren Gletschern erfahren. Taillant ist eigentlich Soziologe, hat aber auch Glaziologie studiert und leitet heute eine Umweltorganisation in Argentinien. Seit Langem setzt er sich für die Gletscher (auch die unsichtbaren) in den Anden ein. Viele davon befinden sich im Grenzgebiet zwischen Argentinien und Chile und sind wichtig für die Wasserversorgung in den fruchtbaren Tälern beider Länder. Taillant hat Berechnungen aufgestellt, die Auskunft darüber geben, wie viel Wasser selbst ein kleiner Steingletscher abgeben kann. Häufig reicht es aus, um eine kleinere Stadt zu versorgen und in der trockenen Zeit Felder und Weinreben zu bewässern. Aber weil man diese Gletscher nicht oder nur mit trainiertem Auge sieht, sind sie gefährdet.

Ohne dass jemand es wusste, liefen in Südamerika mehrere Gletscher Gefahr, durch Grubenarbeiten zerstört zu werden. Die zentralen Anden sind mineralogisch ein wahres Eldorado – eine Region, in der es Gold und andere wertvolle Metalle gibt. Mehrere ausländische Gesellschaften arbeiten in 4000 bis 5000 Metern Höhe an Grubenprojekten, bei denen neben Bulldozern auch Dynamit zum Einsatz kommt.

Die Arbeiten laufen seit den Neunzigerjahren. Erst 2006 wurde die damals neu ernannte argentinische Umweltministerin Romina Picoletti (eine frühere Umweltaktivistin) darauf aufmerksam gemacht, was hier oben vor sich geht. Besonders die Aktivitäten des weltgrößten Goldbergbauunternehmens, dem kanadischen Barrick Gold, ließen sie reagieren. In dem Förderfeld Pascua Lama, das teils in Argentinien, teils in Chile liegt, hatte das Unternehmen bereits große Eingriffe in die Gletscher vorgenommen und einen Gletscher in drei Arme aufgespalten. Vertreter der einheimischen Bevölkerung, Umweltaktivisten und der Glaziologe Juan Pablo Milana informierten Picoletti über die Vorgänge. Für sie war das der Anstoß, gemeinsam mit Glaziologen und Umweltschützern ein Gesetz auszuarbeiten, durch das Gletscher, inklusive Steingletscher, und sogar das periglaziale Milieu (das nähere Umfeld der Gletscher) unter Schutz zu stellen sind. Trotz der Bedeutung der Gletscher für die Wasserversorgung und die Umwelt gab es zu diesem Zeitpunkt noch in keinem Land der Welt Schutzzonen für diese Ressourcen.

Die Ausarbeitung des Gesetzes kam gut voran, und am 22. Oktober 2008 wurde es schließlich vom argentinischen Parlament verabschiedet. Einer der Gründe war sicherlich, dass kaum jemand wusste, dass es Gletscher in der Nähe dieser oder anderer, noch unerschlossener Lagerstätten gab. Gletscher gäbe es nur in Patagonien, dachte man, und nicht in den Zentralanden. Dies ist verständlich, da die meisten Gletscher in dieser Region klein oder eben »unsichtbar« sind. Niemand vermutete, dass das Gesetz ökonomischen Interessen im Wege stehen könnte.

Für Barrick Gold war das Gesetz ein Schock. Die Gesellschafter suchten sogleich Kontakt zu hohen Regierungsbeamten. Es endete damit, dass die Präsidentin, Christina Fernández de Kirchner, ihr Veto gegen das Gesetz einlegte. Umweltministerin Picoletti trat daraufhin zurück, und die Opposition nutzte den Vorfall, um Kritik an der Präsidentin zu üben. Nach einigem Hin und Her wurde das Gesetz überarbeitet und schließlich in einer abgeschwächten Version angenommen.

Später wurde allerdings bekannt, dass die Behörden das Bergbauunternehmen einfach weiterarbeiten ließen, als gäbe es das Gesetz gar nicht. Der Fall spitzte sich im Winter 2016/17 zu, angefeuert durch Umweltskandale bei dem Barrick-Gold-Projekt in Veladero in den Zentralanden. Momentan steht die Förderung still, und Barrick Gold verhandelt mit einer chinesischen Gesellschaft über den Verkauf der Schürfrechte in Pascua Lama.[89] Wie die Sache ausgehen wird, ist noch nicht klar. Die Ereignisse führten aber zu einem deutlich größeren Bewusstsein für die Gletscher und deren Bedeutung – schließlich handelt es sich um das erste Gesetz zum Schutz von Gletschern!

Auch in Chile ist die Aufmerksamkeit für die Gletscher groß, und obwohl es dort noch kein vergleichbares Gesetz gibt, ist man sich ihrer Bedeutung stärker bewusst als zuvor.

Die Auseinandersetzung hat zu einer neuen Art von Umweltaktivisten geführt – *Kryoaktivisten*. Natürlich gab es auch schon vorher Menschen, die die Bedeutung der Gletscher erkannt und sich für sie eingesetzt haben. In Peru hat der Ingenieur Benjamin Morales Arnao mit Sägemehl experimentiert, um Gletscher vor dem Abschmelzen zu bewahren. Nach nur drei Monaten war das Eis unter dem Sägemehl fast fünf Meter dicker als an nicht bedeckten Stellen. Es ist sogar möglich, Gletscher zu konstruieren, wie der

Inder Chewang Norphel gezeigt hat. 1987 veranlasste ihn die Sorge über das Abschmelzen der Gletscher zum Handeln. Er baute kleine Dämme, um Wasser über Flächen zu leiten, wo es im Winter gefrieren und sich akkumulieren konnte. Auf diese Weise schuf er künstliche Gletscher, die die Wasserversorgung einiger Dörfer in der trockenen Jahreszeit unterstützen.[90]

Dies alles sind nur Versuche von Einzelpersonen. Sie dokumentieren aber, dass Gletscher tatsächlich *geschützt* werden können. Und die Kryoaktivisten in Argentinien und Chile haben gezeigt, dass es durchaus möglich ist, etwas gegen die Zerstörung von Gletschern zu unternehmen.

Gefrorener Boden

Frostrauch steigt auf,
als ich die Stirn
auf den Boden lege,
die Lippen befeuchte

Rawda Caritna Eira

Steingletscher sind nicht die einzigen »unsichtbaren« Teile der Kryosphäre. Das Reich des Frosts ist viel größer, als man es aus dem Flugzeug oder auf Satellitenbildern wahrnehmen kann. Große Landstriche der nördlichen Halbkugel (und kleinere auf der südlichen) sind durch Permafrost geprägt. Viele wissen nicht, dass es Permafrost auch in Norwegen gibt, aber ich bin selbst in einer Permafrostregion in der Finnmarksvidda aufgewachsen. Des Weiteren gibt es Permafrost auf der Varangerhalbinsel und in vereinzelten Gebirgsregionen.

Wir, die hoch oben im Norden wohnen, wissen, dass die Erde im Winter gefriert. Dies wird uns jedes Frühjahr bewusst, wenn der Boden wieder auftaut. Wir haben sogar ein eigenes Wort für die Buckel und Hebungen, die dann überall entstehen: *telehiv*. Während meiner Jugend in Nordnorwegen gab es kaum asphaltierte Straßen, die Fahrt über die Schotterpisten war eine Art Risikosport, und auf manchen Wegen ist das noch heute so.

Viele Orte in der Arktis und in den Gebirgsregionen tauen auch im Sommer nicht ganz auf. Allenfalls die oberste Bodenschicht, die man als *aktive Schicht* bezeichnet. Unter dieser bleibt der Frost im Boden, und dies seit Tausenden von Jahren. Wir sprechen in diesem Fall von Permafrost. (Die wissenschaftliche Definition besagt, dass der Boden mindestens zwei Jahre gefroren sein muss, um als Permafrost zu gelten.) Mancherorts reicht dieser Frost sehr tief, bis er auf die Wärme stößt, die vom Erdinneren ausstrahlt. Am Fluss Lena in Sibirien hat man gemessen, dass der Permafrost 1493 Meter tief in die Erde reicht.

In Sibirien finden wir die größten Permafrostgebiete. Es gibt aber auch weite Areale im nördlichen Kanada und in Alaska sowie auf Grönland, Spitzbergen, Nowaja Semlja und auf anderen arktischen Inseln, die nicht von Eis bedeckt sind. Das Eis hat nämlich eine isolierende Wirkung, und ist die Eisschicht dick, erzeugt der Druck Wärme. Dies führt dazu, dass Gletscher an vielen Orten auf nicht gefrorenem Boden »fließen«, was sie beweglicher macht. Andere größere Permafrostregionen finden sich auf dem tibetischen Plateau und unter dem Meeresboden auf dem Kontinentalsockel rund um die Arktis. Dieser Bereich lag während der Eiszeit über Wasser, der Permafrost rührt noch von dieser Zeit her.

Man hat ausgerechnet, dass der Permafrost ganze 24 Prozent der eisfreien Landfläche auf der nördlichen Halbkugel einnimmt, was etwa 19 Millionen Quadratkilometer ausmacht. Auf der Südhalbkugel überwiegen die Meeresflächen, sodass es Permafrost nur auf wenigen eisfreien Flächen in der Antarktis, in Patagonien und in den Anden gibt. Insgesamt gesehen gibt es aber auch im Süden recht große Permafrostareale, die besonders für das Klima von großer Bedeutung sind.

Beim Permafrost handelt es sich um gefrorenen Boden, Stein oder Sedimente. Auch wenn der Wassergehalt nicht groß ist – nur 0,022 Prozent der Wasserreserven der Welt liegen im Permafrost –, hat der Frost große Bedeutung. Wie die Frosthebungen auf den Straßen zeigen, stabilisiert er den Boden. Viele Siedlungen in Alaska und Sibirien bekommen das gerade in den letzten Jahren schmerzhaft zu spüren. Wege, Gebäude und andere Infrastrukturbauten werden instabil, wenn der Permafrost auftaut. Schmelzender Permafrost ist auch verantwortlich für große Bergrutsche, wie am Nordnesfjell in Lyngen, wo elf Millionen Kubikmeter Gestein ins Meer zu fallen drohen, was einen 45 Meter hohen Tsunami auslösen könnte, der mehrere Siedlungen entlang des Fjordes bedrohen würde. Bis jetzt hat der Permafrost dieses Material festgehalten. Auch die vielen Bergrutsche, die es in Longyearbyen auf Spitzbergen gegeben hat, sind auf abtauenden Permafrost zurückzuführen.

Besonders aber für das Leben hat der Frost große Bedeutung, insbesondere für die Mikroorganismen im Boden. Diese steuern einen Großteil der Kohlenstoffumsetzung – was wiederum Einfluss auf das Klima hat. Denn sogar in Bereichen mit Permafrost gibt es Leben. Es gibt Mikroorganismen, die bei Minustemperaturen leben, richtig belebt ist aber die Schicht, die im Sommer auftaut, außerdem sorgt die Mitternachtssonne ja dafür, dass die Photosynthese hier rund um die Uhr stattfinden kann. Die Tundra und andere Permafrostgebiete haben ihre ganz eigene Flora, mit speziellen Flechten-, Moos-, Pilz- und Grasarten. Ja sogar Blumen, Heide und essbare Beeren gibt es hier. Auf der Finnmarksvidda haben wir jeden Sommer die »Explosion« der Blumen, Heide und Beeren bewundert. Besonders die Moltebeere wächst dort.

Auch Tiere wissen in dieser Gegend zurechtzukommen

und sich zu ernähren. Man denke nur an Lemminge, Schneehühner und Hasen. An einigen Orten gibt es sogar Bären, ganz zu schweigen von den Rentieren, die sich vorwiegend von der Rentierflechte ernähren. Die Vidda ist also beileibe nicht tot, im Gegenteil, für die Rentiere ist sie höchst produktives Weideland, und die Schneehühner sind dort so häufig, dass sogar Leute aus Südnorwegen zur Jagd kommen. Jeder, der im Sommer schon einmal dort gewesen ist, hat auch die unglaublichen Mückenschwärme erlebt, die nicht nur stechen, sondern sich auch in Mund und Nase drängen. Permafrost bedeutet also keinesfalls ein Mangel an Leben.

Die größten Permafrostareale finden wir in der Tundra, wie man den Teil der Arktis nennt, in dem keine Bäume wachsen. (Außerhalb der Arktis gibt es oberhalb der Baumgrenze auch eine alpine Tundra.) Über Tausende von Jahren haben Gras, Heide und Sträucher der Tundra den Kohlenstoff aus der Atmosphäre aufgenommen. Das Kohlendioxid ist mit dem Sonnenlicht ein wichtiger Bestandteil der Photosynthese, die Basis des meisten Lebens auf der Erde. Der Kohlenstoff hat sich mit den Jahren im Erdreich angesammelt, wo Mikroben den organischen Abfall der Pflanzen umsetzen. Dieser Prozess geschieht im aktiven Teil des Permafrosts, der im Sommer auftaut. Im Winter friert er wieder ein, sodass sich über die Jahre ungeheure Mengen gefrorener Kohlenstoff angesammelt haben, die keinen Einfluss auf das Klima haben, solange das Erdreich gefroren bleibt.

Nur können wir damit nicht mehr lange rechnen.

Klimabomben in der Tundra

I feel the earth move under my feet

Carole King

Blasen auf der Tundra? Alexander Sokolov, Ökologe am russischen Wissenschaftsministerium, forscht seit 20 Jahren auf der Halbinsel Jamal und den davor liegenden Inseln, und er hatte so etwas noch nie zuvor gesehen. Blasen mit rund einem Meter Durchmesser drückten sich aus dem Boden heraus. Trat man darauf, fühlte es sich an wie Gelee.

Im Sommer 2016 stießen Sokolov und seine Kollegin Dorothee Ehrich erstmals auf diese Blasen, und zwar auf der Insel Bely in der Karasee nördlich von Jamal. Die Insel ist ein beliebtes Forschungsgebiet, besonders wegen der vielen Eisbären, die dort leben. Als die Forscher immer mehr dieser Blasen entdeckten, wussten sie, dass ihr Sommer anders als geplant ablaufen würde. Sie entschlossen sich, den Inhalt der Blasen zu untersuchen. Sie punktierten eine davon, und heraus kam geruchlose »Luft«. Beim nächsten Mal brachten sie Instrumente mit und analysierten, dass die Luft in den Blasen 200-mal mehr Methan enthielt als normale Luft und 20-mal mehr Kohlendioxid. Die Blasen waren richtiggehende Klimabomben. Eine ernsthafte Klimagefahr, sollte es viele von ihnen geben oder sich noch mehr davon entwickeln.[91] Bald darauf wussten sie, dass genau das der

Fall war: Im Frühjahr 2017 berichteten die Forscher, dass sie 7000 Methanblasen unter der Erde Sibiriens ausgemacht hätten, die jederzeit explodieren konnten.[92]

Die Blasen waren nicht das einzige Anzeichen dafür, dass merkwürdige Dinge in der Tundra geschahen. 2013 kamen erste Meldungen über einen lauten, geheimnisvollen Knall auf der Taimyrhalbinsel an die Öffentlichkeit. Der Knall soll 100 Kilometer weit zu hören gewesen sein. Etwas später fanden Rentierhirten den Ort des Knalls. Eine tiefe Grube, in die sie fast hineingestürzt wären und die sich immer weiter vergrößerte.

Später wurden ähnliche Phänomene auch in anderen Regionen der Arktis, etwa im Nordwesten Kanadas, beobachtet. Die Erfahrungen in Russland führten dazu, dass mehrere amerikanische Laboratorien den Methanaustrag aus der nordamerikanischen Tundra zu messen begannen. Auch dort kam es zur Blasenbildung, vor allem in Süßwasserseen, und was dort hochkam, war reines Methan. »Ein Streichholz hätte alles in Brand setzen können«, sagte einer der Forscher der Associated Press. Das Methan steigt aus Lagerstätten am Grund von Seen und Teichen auf.[93]

Es gibt allem Anschein nach verschiedene Varianten dieser Blasenbildung, von den Geleeblasen in der sibirischen Tundra über Explosionen, die große Krater bilden, bis hin zu reinen Methanblasen in Seen. Die Ursache ist jedoch überall dieselbe: Der Permafrost taut. Über tausende von Jahren hat sich organisches Material von Pflanzen und Tieren angesammelt, das im Frost gefangen war. Seit 1970 sind aber auch in der Arktis die Temperaturen um mehr als 2,5 Grad angestiegen, und damit viel schneller als irgendwo sonst auf der Welt. Die Tundra taut auf, und mit ihr auch das organische Material, das jetzt ein gefundenes Fressen für die Mikroben ist. Der Abbau hat begonnen, und das Ergebnis sind Kohlendioxid und Methan (wo Wasser zur Verfügung steht). Wie dieser Prozess genau abläuft, hängt von den weiteren Umständen ab. An manchen Stellen steigt das Gas einfach auf, an anderen müssen Eisschichten durchbrochen werden, was zu Explosionen führt.

In jedem Fall werden Klimagase freigesetzt. Und die Menge des im Permafrost eingelagerten Kohlenstoffs ist schwindelerregend hoch. Allein die drei obersten Meter des Permafrosts (der an einigen Stellen mehrere hundert Meter tief in den Boden reicht) beinhalten mehr Kohlenstoff, als aktuell in der Atmosphäre ist. Nach Aussage einer Forschergruppe unter Leitung von Ted Schuur von der University of Florida werden im Laufe der nächsten Jahrhunderte gut drei Meter des Permafrostbodens auftauen.[94] Hinzu kommen mögliche Ausgasungen aus dem Permafrostboden am Meeresboden, denn auch dort lagert Kohlenstoff.

Hier kann allerdings auch eine Lösung für die Herausforderungen liegen, die das Klima uns stellt: Große Mengen Methan sind nämlich in kleinen Eiskapseln, sogenannten Gashydraten, gebunden. Diese stehen im Prinzip als klimafreundlicher Brennstoff zur Verfügung, mit geringem Ausstoß an Klimagasen, sofern man eine Methode findet, diesen Rohstoff zu fördern und zu nutzen. Forscher arbeiten derzeit weltweit an diesem Thema. Wir wissen noch nicht, wie es funktioniert, müssen uns aber der Herausforderung stellen, weitere Ausstöße von Klimagasen zu verhindern. Darüber hinaus stellen diese Gashydrate eine Alternative zu Öl und Gas dar.

Der Permafrost verbirgt noch mehr als Kohlenstoff in Form von Kohlendioxid und Methan. Taut die Tundra auf, werden viele seltsame Dinge freigesetzt. Im Sommer 2016 brach in einer Rentierherde in Sibirien eine Epidemie aus, hervorgerufen durch tödliche Milzbrandbakterien (Antrax).

1500 Rentiere starben, und auch Menschen wurden angesteckt.[95] Die wahrscheinlichste Ursache dieser Epidemie sind aufgetaute, erkrankte Rentierkadaver im Erdreich der Tundra. Denn bereits 1940 hatte es dort eine größere Epidemie gegeben. Forscher hatten ein solches Szenario befürchtet, sollte der Permafrostboden auftauen.

Die größte Gefahr bleibt jedoch die enorme Freisetzung von Kohlenstoff in die Atmosphäre und die damit verbundene, nicht mehr rückgängig zu machende Erwärmung. Wir gehen spannenden Zeiten entgegen: In einer von Sarah Chadburn geleiteten Studie, publiziert in *Nature Climate Change*, heißt es, dass es vielleicht möglich ist, diesen Kohlenstoffaustritt zu verhindern, wenn es uns gelingt, die Klimaerwärmung auf 1,5 Grad zu begrenzen. Schon ein Anstieg von zwei Grad würde zum Auftauen von 40 Prozent aller Permafrostareale führen, was sechs Millionen Quadratkilometern entspricht.[96]

Aber vielleicht gibt es ja Möglichkeiten, dieses Auftauen zu bremsen?

Klimahilfe aus dem Tierreich

»Dort ist Eis und Schnee, dort ist es herrlich und gut!«, sagte das Rentier. »Dort springt man frei umher in den großen, glänzenden Tälern!«

H. C. Andersen, ›Die Schneekönigin‹

Die gute Nachricht ist, dass man tatsächlich etwas tun kann. Denn weder die Erwärmung noch die Vegetationsveränderungen sind unabwendbar. Es ist zwar nicht möglich, diese Prozesse umzukehren oder zu stoppen – jedenfalls nicht auf lange Sicht –, wohl aber ihre Auswirkungen zu bremsen oder sie mancherorts sogar umzukehren. Dies ist nicht einfach, und es setzt eine profunde Kenntnis der lokalen Bedingungen voraus. Trotzdem sollte man den Versuch wagen. Erste erfolgreiche Maßnahmen wurden bereits ergriffen. Die gute Nachricht ist, dass wir die Arbeit nicht einmal selbst leisten müssen. Manches können wir den Tieren überlassen, weidenden Tieren. Sie können unsere engsten Verbündeten im Kampf gegen die Klimakatastrophe werden.

Das Tal Reisadalen im norwegischen Troms grenzt an die Finnmarksvidda und wird seit Jahrhunderten als Weideland und Wanderroute für Rentiere genutzt. Hier wurden vor 50 Jahren kilometerlange Rentiergatter gebaut, um die Tiere zusammenzuhalten. Dies hat den Forschern die

Möglichkeit gegeben, systematisch zu untersuchen, wie sich die Beweidung auf die Vegetation auswirkt. Besonders Wissenschaftler der Universität Umeå in Schweden haben detaillierte Messungen unternommen. Untersucht wurden die Vegetationsdichte und -art, die Bodenfeuchte, die Temperatur und die Albedo. Da die Messungen im Sommerhalbjahr vorgenommen wurden, ist hier die Sommeralbedo gemeint, also wie das Sonnenlicht auf unterschiedlicher Vegetation reflektiert wird. Die Messungen wurden in einer Höhe von 500 bis 700 Metern vorgenommen, also etwa hundert Meter oberhalb der natürlichen Baumgrenze dieser Region. Die jährliche Mitteltemperatur beträgt minus 0,6 Grad Celsius. Die Vegetation besteht – typisch für die arktische Tundra – aus niedrigen Büschen, Heide und Flechten.

Während die Landschaft auf der einen Seite der Gatter kaum durch Beweidung beeinträchtigt ist, wird sie auf der anderen Seite intensiv von den Rentieren beweidet. Die Wissenschaftler haben damit einen perfekten Versuchsaufbau. Und dies über viele Kilometer und unterschiedliche Vegetationsgesellschaften. Unter diesen Bedingungen ist es leicht zu analysieren, welchen Einfluss die Beweidung durch Rentiere auf die natürliche Vegetation hat. Die Resultate zeigen, dass die Beweidung Konsequenzen hat, aber in einer ganz anderen Richtung als vermutet.

Man hat – ohne es explizit zu untersuchen – angenommen, dass Weidetiere schädlich für die Umwelt seien. In puncto Klima scheinen sie jedoch unsere besten Verbündeten zu sein. Sie bremsen die Erwärmung der Tundra. Mariska te Beest, die Leiterin einer Studie der Universität Umeå, die in der Fachzeitschrift *Environmental Research Letters* veröffentlicht wurde, sagt: »Unsere Resultate zeigen, dass Rentiere einen potenziell kühlenden Effekt auf das Klima haben. Auch wenn die Unterschiede nur gering aussehen mögen, sind sie doch groß genug, um die regionale Strahlungsbilanz zu beeinflussen.«[97]

Aber wie können Rentiere das Klima beeinflussen? Auf der vor den Rentierherden geschützten Seite des Zauns dominierten Heidekraut und Büsche, darunter viele halbhohe Weidengewächse. Auf der intensiv beweideten Seite wuchs dagegen vorwiegend kurzes Gras, gemischt mit Moosen und Heidekraut. Diese insgesamt dünnere Pflanzendecke wirkte sich auch auf die physikalischen Eigenschaften der Landschaft aus, wie die Forscher berichten. Die Albedo der Tundra – und damit die Menge des zurückgestrahlten Sonnenlichts – war auf der beweideten Seite deutlich höher. Das eher helle, kurze Gras reflektierte mehr Strahlung und absorbierte dadurch auch weniger Wärme. Die dunklen, holzigen Zweige der Büsche im kaum beweideten Gebiet nahmen dagegen deutlich mehr Sonnenwärme auf, wie Messungen ergaben. Den Berechnungen zufolge liegt der Unterschied in der eingestrahlten Wärme immerhin bei rund 4,4 Watt pro Quadratmeter. »Das ist bezogen auf die Fläche in etwa gleich viel oder sogar noch mehr als die Erwärmung der Atmosphäre durch eine Verdopplung des Kohlendioxid-Gehalts«, erklären die Forscher.[98]

Bei der Größe des Tundra-Areals und der damit verbundenen Dimension des Weidelandes kann der potenzielle Effekt sehr groß sein, vorausgesetzt man übertreibt es nicht mit der Beweidung, denn dann könnte auch die helle Rentierflechte abgeweidet werden, die den höchsten Albedo-Effekt hat. Aber natürlich können die Rentiere den Klimajob nicht allein machen.

Zum Glück ist das auch nicht nötig. Denn die Arbeit, die die Rentiere in ihrem Verbreitungsgebiet leisten, können in Regionen mit anderen Vegetationstypen andere Weidetiere übernehmen. Dies wurde über mehr als 20 Jahre hinweg bei einem bemerkenswerten Projekt im nordöstlichen Sibirien in der Praxis dokumentiert. Es klingt fast wie eine naive Disney-Story, aber es macht tatsächlich den Anschein, als könnten Tiere – viele Tiere – eine Rettung vor der Klimakatastrophe sein.

Der Eiszeitpark

Im Permafrost befinden sich doppelt so viel Kohlenstoff und Klimagase wie in der Atmosphäre. Wenn die Temperaturen steigen, ist es beinahe ein Naturgesetz, dass immer mehr dieses Kohlenstoffs in die Atmosphäre strömt, sei es in Form von Kohlendioxid oder – noch schlimmer – Methan. Und es sieht beinahe so aus, als könnten wir nichts dagegen tun.

Aber nur beinahe, denn es gibt bereits Menschen, die etwas dagegen tun. Und dies offensichtlich mit Erfolg. Weit im Nordosten Sibiriens, in einer Gegend, wie man sie sich kaum ungastlicher und karger vorstellen kann, arbeitet ein Russe seit 20 Jahren an einem Projekt, das als Hirngespinst begann. In den letzten Jahren hat es jedoch immer mehr Aufmerksamkeit von seriösen Wissenschaftlern bekommen. Unter anderem ist die Fachzeitschrift *Science* darauf aufmerksam geworden – und damit eine der beiden renommiertesten wissenschaftlichen Fachzeitschriften überhaupt.[99]

Der Mann hinter dem Projekt, Sergey Zimov, will das Auftauen der Tundra und das Entweichen katastrophaler Mengen von Klimagasen verhindern, indem er die Tundra in ihren ursprünglichen Zustand zurückversetzt: eine Steppenlandschaft, auf der große Tierherden weiden und Gras fressen. Die Änderungen, die damit verbunden sind, haben einen deutlichen Effekt auf das Klima. Das Abtauen des Permafrosts wird gebremst oder rückgängig gemacht und der Albedo-Effekt der Flächen deutlich erhöht. Dies liegt nicht nur daran, dass die Schneedecke ebenmäßiger ist, sondern auch an der Tatsache, dass Gras Sonnenlicht besser reflektiert als Sträucher, Moos oder gar Wald. Gelingt es, dieses Projekt auf weitere Bereiche der Tundra auszuweiten, könnte damit auch der Temperaturanstieg gebremst werden – sogar in globalem Maßstab. Sollte dies funktionieren – und bisher weist vieles darauf hin –, könnte dies die wichtigste aller durchführbaren Klimamaßnahmen werden.

Die Bedeutung von Zimovs Projekt geht weit über Sibirien hinaus. Es zeigt nämlich, dass wir der Klimabedrohung begegnen können, indem wir nicht nur an die Freisetzung der Klimagase denken. Denn wie wir aus der Geschichte lernen können, sind die wirklich entscheidenden Vorgänge die Rückkopplungsprozesse, für die die Natur selbst verantwortlich ist (manchmal ausgelöst durch uns Menschen). Was an der Grenze zwischen Land und Atmosphäre passiert, zwischen Meer und Himmel, mit all den chemischen, biochemischen und physischen Interaktionen, entscheidet darüber, ob das Kohlenstoffgleichgewicht in die eine oder andere Richtung kippt. Auch der Albedo-Effekt spielt dabei eine Rolle. Für beide Fragen ist Zimovs Projekt von zentraler Bedeutung.

1988 kam Sergey Zimov nach Tscherski, eine kleine Stadt am Fluss Kolyma im nordöstlichen Sibirien, so weit von der »Zivilisation« entfernt, dass man vier bis fünf Stunden mit dem Flugzeug bis in die nächstgrößere Stadt, Jakutsk, braucht. Die Region ist eine der kältesten auf der nördlichen Halbkugel, mit Temperaturen, die im Winter minus 50 Grad unterschreiten.

Als Wissenschaftler fiel Zimov auf, wie widersprüchlich

die Region war. Während die dortige Flora und Fauna von wenigen Arten und einer geringen biologischen Vielfalt geprägt war, verriet der aufgetaute Permafrostboden, dass es einmal ganz anders gewesen sein musste. Es tauchten nämlich Knochen von vielerlei Tieren auf, darunter auch große, ausgestorbene Arten wie das Mammut. Was war mit all diesen Tieren geschehen?

Üblicherweise wird das Verschwinden des Mammuts und der restlichen Megafauna mit der Klimaveränderung nach der letzten Eiszeit erklärt. Es soll diesen Tieren oder der Vegetation, von der sie sich ernährten, zu warm geworden sein. Zimov kam aber zu dem Schluss, dass es so nicht gewesen sein konnte, zeigten Fossilienfunde doch, dass diese Tiere bereits früher ähnlich dramatische Klimaveränderungen überlebt hatten. Warum also verschwanden sie vor rund 13 000 Jahren?

Die Antwort sind die Menschen. Ausgerüstet mit effektiver Jagdtechnik und Methoden, die sie während der Eiszeit erlernt hatten, war die Jagd mit einem Mal so effektiv, dass es nicht lange dauerte, bis sie den kompletten Bestand der größten Tiere (die den Nachteil haben, sich langsam zu vermehren) ausgerottet hatten. Und die Geschichte wiederholte sich rund um den Globus: Als der Mensch kam – egal ob in Europa, Asien, Australien oder Amerika –, wurde die Megafauna rasch ausgerottet, und das, obwohl die Tiere in den verschiedenen Erdteilen sehr unterschiedlich waren. Der einzige Kontinent, auf dem ein Teil der Megafauna überleben konnte, war Afrika. Vielleicht weil die großen Tiere sich über Millionen von Jahren an das Zusammenleben mit den »Menschen« angepasst hatten und wussten, wie sie diesen Raubtieren aus dem Weg gehen konnten. Es kann aber auch art- oder landschaftsspezifische Gründe gehabt haben.

Zimovs Projekt begann als ein Test. Er wollte zeigen, dass nicht das Klima am Verschwinden der Arten schuld war, sondern der Mensch. Denn wenn unter den gegebenen Temperaturen große Tierherden in der Tundra überlebten, wäre ihnen das auch vor 13 000 Jahren möglich gewesen. Mit der Zeit wurde das Projekt größer und setzte andere Schwerpunkte. Es wurde zu einem Klimaprojekt, weil Zimov sah, dass die Wiederansiedlung der Tiere etwas mit dem Klima anstellte.

Wer in einer Gegend lebt, in der Schafzucht betrieben wird, weiß, dass weidende Tiere ihre eigene Landschaft erschaffen und pflegen. Wo sie Gras fressen, wächst Gras, und diese Graslandschaften breiten sich mitsamt den Tieren aus. So sind in Norwegen ganze Landstriche geformt worden. Man denke nur an die Täler im Rogaland, Norwegens wichtigstem Schafzuchtgebiet. In weiten Bereichen gibt es dort nichts als Gras, auf dem die Schafe fast das ganze Jahr über weiden. (Einige Schafe bleiben sogar das ganze Jahr draußen.) Die Landschaft ist so, wie sie ist, weil die Schafe beim Weiden Büsche und Sträucher abfressen und das Gras mit ihrem Kot düngen.

So war es auch in Sibirien – bis die Menschen kamen. In Sibirien lebten Mammuts, arktische Antilopen (Saigas), Rentiere, Wildpferde, Moschusochsen, Elche und andere Grasfresser und wurden reguliert durch Raubtiere wie Wolf, Bär und sibirischer Tiger. Die Raubtiere sorgten dafür, dass die Weidetiere in Bewegung blieben und nicht zu lange das gleiche Land beweideten.

Als die Menschen kamen und schließlich die Bestände der Weidetiere ausrotteten, begann sich die Landschaft zu verändern. Heute sind dort, wo früher Grasland war, Moore, Wälder und Sümpfe. Und das ist nicht die einzige Veränderung: Auch die Schneedecke wurde beeinflusst. Die großen Herden, die es früher hier gab, führten sich im Winter wie die Rentiere der Samen auf. Sie trampelten den Schnee weg und scharrten die Erde frei, um Nahrung zu finden. Damit verminderten die Tiere den isolierenden Effekt der Schneedecke. So konnte der Teil des Permafrosts, der im Sommer aufgetaut war, wieder gefrieren. Auf diese Weise trugen die Tiere dazu bei, den Permafrost zu festigen, da die Kälte wieder tief in den Boden eindringen konnte. Durch die größere Kälte im Erdreich taute im Sommer nurmehr die oberste Bodenschicht auf und gab Nahrung für das Sommerwachstum.

Ohne Tiere bleibt die isolierende Wirkung des Schnees erhalten, sodass der Boden nicht so tief durchfriert. Damit geht auch das Auftauen schneller, und eingefrorene Mammuts – samt ihrer Bakterien – kommen zum Vorschein. Die Mammuts werden dadurch nicht wieder lebendig, obwohl sie noch ganz intakt sind. Ihre Bakterien können aber auch noch nach Tausenden von Jahren aus dem »Winterschlaf« aufwachen. Dieses Szenario ist an sich schon unangenehm, es wird durch all die Klimagase, die dem Boden entweichen, aber noch um ein Vielfaches getoppt.

Was Zimov tat, später unterstützt durch seinen Sohn Nikita, interessierte schließlich Wissenschaftler auf der ganzen Welt. Er baute die Fauna der Grasfresser wieder auf, indem er aus allen möglichen Gegenden Tiere herbeischaffte und sie bei sich aussetzte. Er begann mit Pferden, einer speziellen Rasse, die gut gegen die Kälte gewappnet ist. Später setzten er und sein Sohn auch Moschusochsen, Elche und andere Tiere aus – Schritt für Schritt und unter kontrollierten Verhältnissen. Zimov musste seine Tiere zeitweise sogar einzäunen, um sie vor Wilderern zu schützen.

Am liebsten hätte Zimov auch Mammuts in seinem Pleistozän-Park gehabt. Tatsächlich ist die DNA einiger im Eis gefundener Tiere noch so intakt, dass man mithilfe ihrer nahen Verwandten, den Elefanten, versucht, die Art wieder zum Leben zu erwecken. Zimov will auch Raubtiere wie Wölfe und Sibirische Tiger aussetzen, um den Bestand der Weidetiere und die Landschaft intakt zu erhalten.

1988 bekam Zimov noch öffentliche Unterstützung für sein Projekt. Doch nach dem Zusammenbruch der Sowjetunion wurde ihm der Geldhahn zugedreht und Zimov wandte sich ans Ausland. Mittlerweile hat sein Projekt viel Aufmerksamkeit bekommen, es fehlt aber weiterhin an den finanziellen Mitteln, um alle Pläne umsetzen zu können.

Trotzdem sind die bisher erreichten Ergebnisse beeindruckend. Zimov und seinen Mitarbeitern ist es gelungen, eine große Anzahl an Weidetieren auszusetzen, die nach anfänglichen Problemen auch überlebt haben. Damit hat er bewiesen, dass es nicht das Klima vor 13 000 Jahren war, das die Bestände vernichtet hat, denn das Klima hat sich seither kaum verändert. Auch die gemessenen Klimaeffekte sind, wie Zimov sie erwartet hat: Messungen zeigen, dass der Boden kälter ist und damit das Abtauen des Permafrosts gebremst wird. Zimovs Sohn Nikita, der jetzt die Forschungsstation leitet, betont, wie groß der Effekt ist, den die Tiere auf die isolierende Wirkung des Schnees haben:

»Wir haben Thermometer im Boden platziert. Sowohl dort, wo die Tiere weiden und den Schnee wegtrampeln, als auch in von Tieren unbeeinflussten Bereichen. Die Beobachtungen zeigen, dass bei einer Lufttemperatur von minus 40 Grad Celsius, unter dem von den Tieren unberührten Schnee nur minus fünf Grad herrschen. Wo die Tiere den Schnee aufgewühlt und zertrampelt haben, beträgt die Bodentemperatur hingegen minus 30 Grad.«[100]

Unberührter Schnee – ohne Tiere – isoliert den Boden so gut, dass die Winterkälte kaum eindringen kann. Deshalb friert der aktive Teil der Permafrostschicht, der oberste Teil, der im Sommer auftaut, im Winter nicht mehr richtig ein. Sind aber Tiere da, die den Schnee aufwühlen und platt trampeln, reduziert sich der Isolationseffekt. Sie sorgen dafür, dass die Tundra im Winter wieder richtig durchfriert und der Permafrost erhalten bleibt. Die riesigen Kohlenstoffmengen, die im Permafrostboden stecken – die Klimabomben der Tundra –, werden somit nicht aktiviert. Auf jeden Fall nicht so schnell, wie es ohne die Tiere der Fall wäre.

Letzter Tanz?

Hat die Kryosphäre eine Zukunft?

Inuit-Jäger, die durch das schwindende und unsichere Meereis brechen, haben durchaus etwas mit den Autos zu tun, die wir fahren, mit der Industrie, auf der unsere Wirtschaft beruht, mit der Welt, wie sie geworden ist.

Sheila Watt-Cloutier, frühere Präsidentin des Inuit Circumpolar Council, in einer Rede vor dem Senat der USA, 2005

Von außen betrachtet – von einem Beobachter mit sehr viel Zeit – hat die Erde über Millionen von Jahren immer wieder einen regelmäßigen Tanz aufgeführt: An den Polen im Norden und Süden haben sich weiße Kappen rhythmisch zusammengezogen und wieder ausgebreitet – auf der Erde sprechen wir von den Eiszeiten. Dieses Muster gibt es, seit es Menschen gibt, ja, es existierte schon in der Zeit unserer allerfrühesten Vorfahren. Und nicht nur an den Polen hat es weiße Bereiche gegeben. Auf allen hohen Gebirgen dieser Erde hatte das Reich des Frosts seine Außenposten.

Doch irgendetwas stimmt heute nicht mehr. Der Tanz sollte eigentlich in Richtung des Frosts gehen. Eine neue Eiszeit sollte kommen. Stattdessen verschwinden die polaren Eiskappen schneller als jemals zuvor. Das Meereis geht zurück, ebenso die Gletscher und die Menge des Schnees, der sich jeden Winter auf weite Teile der Erde legt. Ja, sogar das Inlandeis auf Grönland und in der Antarktis beginnt zu tauen.

Wir wissen nicht, ob dies so weitergehen wird. Die dafür verantwortlichen geophysischen Mechanismen sind nur teilweise bekannt. Wir wissen nicht, wann oder ob die Erdsysteme einen Kipppunkt erreichen werden, nach dem uns eine unwiderrufliche Erwärmung droht, die nicht mehr aufzuhalten ist. Wir wissen aber, dass das Leben für uns Menschen ohne Kryosphäre, ohne das Reich des Frosts, sehr schwierig werden wird. Hunderte Millionen Menschen werden kein Wasser haben, Hitzewellen und Waldbrände werden weite Areale unbewohnbar machen, das Wetter wird immer stärker zu Extremereignissen neigen, und der Meeresspiegel wird so hoch ansteigen, dass viele Metropolen der Welt überflutet werden.

Noch ist aber nicht sicher, dass dies geschehen wird. Deshalb können selbst kleine Projekte und Maßnahmen, wie die von Sergey Zimov mit seinem Pleistozän-Park oder die der Kryoaktivisten, die um ihre Gletscher kämpfen, essenziell und lebenswichtig sein, um das oben genannte Szenario doch noch zu verhindern. Das Reich des Frosts kann zurückschlagen, wie es im Lauf der Erdgeschichte oft geschah.

Anmerkungen

1 Der Begriff leitet sich vom griechischen *krýos*, »kalt«, ab und bezeichnet den Teil der Erde, wo Wasser in Form von Eis, Schnee oder Permafrost gefriert.
2 Thomas Alsgaard in einem Interview mit der norwegischen Tageszeitung *VG*, 11.7.2017.
3 Olav H. Hauge, ›Gesammelte Gedichte‹, Edition Rugerup 2012.
4 John Maynard Smith & Eörs Szathmáry, ›Evolution: Prozesse, Mechanismen, Modelle‹, Spektrum Akademischer Verlag 1996.
5 Nick Lane, ›Der Funke des Lebens: Energie und Evolution‹, Konrad Theiss Verlag 2017.
6 Francis Crick & Leslie Orgel, »Directed Panspermia«, *Icarus* 19,3, S. 341–348, 1973. Panspermie in der Literatur: Jack Finney, ›The Body Snatchers‹ (1955, dt. ›Die Körperfresser kommen‹), Fred Hoyle, ›The Black Cloud‹ (1957, dt. ›Die schwarze Wolke‹), Michael Crichton, ›The Andromeda Strain‹ (1969, dt. ›Andromeda‹).
7 »Water Bears are the first animals to survive space vacuum«, *New Scientist*, 8.9.2008.
8 *Science Advances*, 27.5.2016. Siehe auch *Spektrum der Wissenschaften*, Juli 2016.
9 Nordahl Grieg, ›Morgen über der Finnmarksvidda‹, Übersetzung: Klaus Anders.
10 Sophus Tromholt, ›Under Nordlysets Straaler‹, København 1885.
11 Tor Åge Bringsværd, ›Die wilden Götter. Sagenhaftes aus dem hohen Norden‹, © 2004 Piper Verlag GmbH, München.
12 Fridtjof Nansen, ›In Nacht und Eis‹, Erster Band, F. A. Brockhaus 1897.
13 Nordahl Grieg, ›Morgen über der Finnmarksvidda‹, Übersetzung: Klaus Anders.
14 Nils Jernsletten, »Sami traditional terminology«, in Harald Gaski, Hg., ›Sami Culture in a New Era‹, Davi Girjas 1997; Ole Henrik Magga, ›Diversity in Saami terminology for reindeer and snow‹, *International Social Science Journal*, vol. 58, issue 187, S. 25–34, 2006; Inger Marie Gaup Eira, »Traditional Sámi snow terminology and

physical snow classification – Two ways of knowing«, *Cold Regions Science and Technology* 85, 2013, S. 117–130.

15 Yngve Ryd, ›Snö‹ (Natur och Kultur 2007), S. 7.
16 Ryd, S. 31.
17 Ebd., S. 36.
18 Ebd., S. 42.
19 Ebd., S. 63.
20 Ebd., S. 275.
21 Fridtjof Nansen, ›In Nacht und Eis‹, Zweiter Band, F. A. Brockhaus 1897.
22 Über Esmark: in Jamie Woodward, ›The Ice Age‹, Oxford University Press 2014, S. 47–49.
23 Heute weiß man, dass der höchste Berg Norwegens der Galdhøpiggen im Jotunheimen-Gebirge ist. (Anm. d. Übers.)
24 Über Agassiz siehe Woodward, ›The Ice Age‹, S. 50 ff.
25 Louis Agassiz, ›Untersuchungen über die Gletscher‹, Solothurn 1841, S. 284.
26 Joe Kirschvink und seine »Snowball-Earth«-Hypothese: Erste Funde durch J. Thomson in Schottland 1871 und Hans Reusch in Nord-Norwegen 1891. J. Kirschvink, »Late Proterozoic low-latitude global glaciation: The Snowball Earth«, in J. W. Schopf, C. Klein, Hgg., ›The Proterozoic Biosphere‹, Cambridge University Press 1992.
27 Tim Lenton & Andrew Watson, ›Revolutions that made the Earth, Oxford University Press 2013, S. 111.
28 Greg Stock & Robert Anderson, »Yosemite's melting glaciers«, *NPS Reports*, 2015.
29 Greg Stock et. al., ›Yosemite National Park: A Natural History Guide‹, Wilderness Press 1999.
30 John Steinbeck, ›Travels with Charley: In Search of America‹, Penguin 1980.
31 Laut CIA Factbook (9/5–2017) sind die größten Weizen-Exporteure der Welt die USA (14,8 Prozent des Welthandels) und Kanada (12,4 Prozent). Noch höher liegen die Zahlen beim Mais: Die USA bestreiten 35,9 Prozent des weltweiten Maishandels.
32 *Inside Climate News*, 7. Juni 2016.
33 In Christopher White, ›The Melting World‹, St. Martins Press 2013, S.37: »I'm not sure the glaciers have twenty-two years left.« White hat Fagre fünf Jahre lang bei seiner Arbeit im Glacier National Park begleitet.
34 Robert W. Sandford, ›Our Vanishing Glaciers‹, RMB 2016, S.160, 165.
35 White, ›The Melting World‹, S. 94.
36 J. Bell et al.: »Glacier Impacts on Summer Streamflow in the Wind

River Range, Wyoming«, *Journal of Hydrologic Engineering,* April 2012.

37 Gemeint ist die durchschnittliche Meereshöhe, ab der Schnee im Winter dauerhaft liegen bleibt. Zwar schneit es auch noch in Bern, doch der Schnee bleibt selten dauerhaft liegen. Man unterscheidet nämlich zwischen der *Schneefallgrenze* (nach Niederschlagsart) und der *temporären Schneegrenze* (nach Schneedecke). Noch höher – in den Alpen bei circa 3000 Metern mit ebenfalls steigender Tendenz – liegt die *klimatische Schneegrenze* oder *Firngrenze,* ab der Schnee auch im Sommer liegen bleibt und sich Gletschereis bilden kann (Anm. d. Übers.).

38 Zum Permafrost an der Zugspitze: M. Gude & D. Barsch, »Assessment of the geomorphic hazards in connection with permafrost occurrence in the Zugspitze area (Bavarian Alps, Germany)«, *Geomorphology* 66 (1–4, 2005), S. 85–93; H. Jerz & A. v. Poschinger, »Neuere Ergebnisse zum Bergsturz Eibsee-Grainau«, *Geologica Bavarica,* 99(1995), S. 383–398. Siehe auch die Informationen des Bayerischen Landesamtes für Umwelt: www.lfu.bayern.de/geologie/permafrost/zugspitze/index.htm (Anm. d. Übers.).

39 *Gletscherberichte (1881–2017).* ›Die Gletscher der Schweizer Alpen‹, Jahrbücher der Expertenkommission für Kryosphärenmessnetze der Akademie der Naturwissenschaften Schweiz (SCNAT), herausgegeben seit 1964 durch die Versuchsanstalt für Wasserbau, Hydrologie und Glaziologie (VAW) der ETH Zürich. No. 1–136, www.glamos.ch.

40 Ebd.

41 PERMOS 2016. Permafrost in Switzerland 2010/2011 to 2013/2014. J. Noetzli, R. Luethi, & B. Staub, (Hgg.), *Glaciological Report (Permafrost) No. 12–15 of the Cryospheric Commission of the Swiss Academy of Sciences.*

42 Zum Vergleich: Die Fläche Deutschlands beträgt 357 386 Quadratkilometer. (Anm. d. Übers.)

43 Im Fall des noch wasserreicheren Brahmaputra ist dies sogar China. (Anm. d. Übers.)

44 ›I elvegudinnens rike‹ (›Im Reich der Flussgöttin‹), NRK/Univisjon 1994.

45 Fridtjof Nansen, ›In Nacht und Eis‹, Erster Band, F. A. Brockhaus 1897.

46 Fridtjof Nansen, ›Paa Ski over Grønland‹ (Aschehoug 1890), dt. ›Auf Schneeschuhen durch Grönland‹, Edition Erdmann 2003.

47 Fridtjof Nansen, ›In Nacht und Eis‹, Erster Band, F. A. Brockhaus 1897.

48 Hjalmar Johansen, ›Med Nansen mot Nordpolen‹ (1898), dt. in: ›In Nacht und Eis‹, Dritter Band, F. A. Brockhaus 1898.
49 Monica Kristensen, ›Mot 90 grader syd‹ (Grøndahl 1987).
50 Zu Richard Boyle siehe: Lenton & Watson, S. 281.
51 Ebd., S. 282.
52 Kjetil Lysne Voje, »Tempo does not correlate with mode in the fossil record«, *Evolution*, vol. 70, issue 12, 2016.
53 »Water bears are first animals to survive space vacuum«, *New Scientist*, 8.9.2008.
54 S. J. Gould, ›Wonderful Life‹, W. W. Norton 1989.
55 E. Vrba, »The Pulse that Produced us«, *Natural History* 5/93, S. 47–51.
56 Mark Maslin et al., »East African climate pulses and early human evolution«, *Quaternary Science Reviews* 101 (2014), S. 1–17.
57 Rick Potts, »Evolution and Climate Variability«, *Science* vol. 273 (16.08.1996), S. 922 f.
58 Norwegischer Speerwerfer und mehrfacher Olympiasieger (Anm. d. Übers.).
59 Norwegischer Schachweltmeister (Anm. d. Übers.).
60 Steven Mithen: ›After the Ice Age‹, Phoenix 2003. S. 148 f.
61 Brian Fagan, ›The Long Summer‹, Granta 2004; Andrew M. T. Moore, ›Village on the Euphrates‹, Oxford University Press 2000.
62 Interview mit Manfred Heun auf www.forskning.no, 18.01.2012. Zur Domestizierung des Einkorns: Manfred Heun et al., »Site of Einkorn Wheat Domestication identified by DNA fingerprinting«, *Science* 14.11.2017. Über Bier und Kult in Göbekli Tepe: Oliver Dietrich et al., »The role of cult and feasting in the energence of Neolithic communities. New evidence from Göbekli Tepe, south-eastern Turkey«, *Antiquity* vol. 86, Nr. 333, September 2012, S. 674–695.
63 Zum Übergang vom Schamanismus zur organisierten Religion siehe u. a. Ara Norenzayan, ›Big Gods: How Religion Transformed Cooperation and Conflict‹, Princeton University Press 2013 und Bjørn Vassnes, ›Sjelens sult‹, Margbok 2009.
64 Marshall Sahlins, »Notes on the Original Affluent Society«, in R. B. Lee & I. DeVore (Hgg.), ›Man the Hunter‹, Aldine Publishing Company 1968, S. 85–89.
65 Gregory Clark, ›A Farewell to Alms – A Brief Economic History of the World‹, Princeton University Press 2009; Ian Morris, ›The Measure of Civilization‹, Profile 2013.
66 Clark, S. 1.
67 Matthias Foss, ›Justedalens kortelige Beskrivelse‹, Jostedal historielag 2009, S. 10.

68 Ebd.
69 Zum dänisch-schwedischen Krieg s. Thomas Roth, »den snöige nord …«, in Erik Durscmied, ›Vädrets makt‹, Pan 2000.
70 Jared Diamond: ›Kollaps. Warum Gesellschaften überleben oder untergehen‹, Fischer 2006.
71 Peter Høeg: ›Fräulein Smillas Gespür für Schnee‹, Carl Hanser Verlag 1994.
72 *Snow, Water, Ice, Permafrost in the Arctic (SWIPA) 2017*
73 Harald Steen, in *nrk.no,* 15.10.2016.
74 *National Geographic,* 4.2.2014: »Greenland glacier races to ocean at record speed« oder *Washington Post,* 11.4.2017: »Scientists just uncovered some troubling news about Greenland's most enormous glacier«.
75 *Om Golfstrømmen skulle stanse,* NRK/Univisjon, 2001.
76 *National Geographic,* 14.6.2017, »The Larsen C Ice Shelf Collapse Is Just the Beginning – Antarctica Is Melting«.
77 S. R. Rintoul, et.al., »Ocean heat drives rapid basal melt of the Totten Ice Shelf«, *Science Advances,* vol. 2, no 12, 16.12.2016.
78 Anm. d. Ü.: Das Klimaübereinkommen von Paris strebt als Ziel eine Begrenzung der globalen Erwärmung auf deutlich unter zwei Grad Celsius an.
79 Lonnie Thompson, *Journal of Glaciology,* Dezember 2016.
80 Yan Tandong et al., »Different glacier status with atmospheric circulations in Tibetan Plateau and surroundings«, *Nature Climate Change 2,* 2012, S. 663–667.
81 »Gravity Recovery and Climate Experiment«: Jacob et al., »Recent contributions of glaciers and ice caps to sea level rise«, *Nature 482,* 23.2.2012, S. 514–518.
82 Yan Tandong, »Tibetan glaciers shrinking rapidly«, *Nature,* 15.7.2012.
83 Thompson über den Indus, etc.: www.irinnews.org/report/95917/climatechange-himalayan-glaciers-melting-more-rapidly.
84 ICIMOD/UNEP-Studie: »Measuring glacier change in the Himalayas«, UNEP, Sept. 2012, https://na.unep.net/geas/archive/pdfs/GEAS_Sep2012_himalayanglaciers.pdf.
85 GLACINDIA, *Results report,* 2017 (Universitetet i Bergen).
86 »Glacial lakes and glacial lake outbursts in Nepal«, ICIMOD, Kathmandu, mars 2011.
87 »Glacial lakes threaten Indian Himalayan dams«, *Scientific India,* 31.8.2016.
88 Jorge Daniel Taillant, ›Glaciers. The Politics of Ice‹, Oxford University Press 2015.
89 »Government Leaks on Glacier Impacts. Complicate Several

Mining Projects in Argentina«, CHRE, 29/12–2016, http://center-hre.org/?p=15904, »Argentina Federal Government Recognizes Glaciers in Mining Areas«, CHRE, 26.1.2017, http://center-hre.org/?p=15998.

90 Über Chewang Norphel: Taillant, S. 218.

91 *Siberian Times*, 22.7.2016.

92 *TASS/Siberian Times*, 20.3.2017.

93 *ABC News*, 21.5.2017.

94 *ABC News*, 21.5.2017.

95 »Stort miltbrann-utbrudd i Russland«, nrk.no/Sveriges radio, 27.7.2016.

96 *Nature Climate Change, online*, 10.4.2017.

97 Marika te Beest et al., *Environmental Research Letters*, 22.12.2016.

98 Wissenschaft.de, Rentiere als Klimahelfer, 27. Dezember 2016.

99 »Pleistocene Park: Return of the Mammoth's Ecosystem«, *Science*, 6.5.2005.

100 »The Zimovs: Restoration of the Mammoth-Era Ecosystem, and Reversing Global Warming«, *OTTAWALIFE Magazine*, 11.2.2013.